Karl Stumpff

Astronomie contra Astrologie

Zum Inhalt

Die 1955 im VERLAG FÜR ANGEWANDTE WISSENSCHAFTEN, BADEN-BADEN, erschienene Abhandlung ›ASTRONOMIE GEGEN ASTROLOGIE‹ von Karl Stumpff hat bis heute nichts von ihrer Aussagekraft verloren. Auf mehrfachen Wunsch wurde dieses Werk jetzt als Buch veröffentlicht.

Karl Stumpff – mein Vater und einer der bedeutendsten Astronomen des 20. Jahrhunderts – war seinerzeit vom Vorstand der Astronomischen Gesellschaft gebeten worden, den Standpunkt der astronomischen Wissenschaft gegenüber dem sich immer mehr breit machenden Aberglauben in Gestalt der Astrologie oder Kosmobiographie darzulegen. Das ist ihm – wie nicht anders zu erwarten war – sehr gut gelungen.

Eine kurze Biografie Karl Stumpffs befindet sich im Anhang.

Claus H. Stumpff
Herausgeber
April 2015

ISBN 978-1511594295

IN MEMORIAM

Karl Stumpff, Astronom
1895 - 1970

Peter Stumpff, Astronom
1925 - 2005

Univ.-Prof. Dr. Karl Stumpff
1895 - 1970

Astronomie
contra
Astrologie

Eine naturwissenschaftliche und
erkenntnistheoretische Kritik
der Sterndeutekunst

Vorwort

Die Grundgedanken dieses Werkes sind die gleichen, die Karl Stumpff im Oktober 1953 anlässlich der Tagung der Astronomischen Gesellschaft in Bremen in einem öffentlichen Vortrag entwickelt hat. Der Vorstand der Astronomischen Gesellschaft hatte Karl Stumpff gebeten, den Standpunkt der astronomischen Wissenschaft gegenüber dem sich überall breitmachenden Aberglauben in Gestalt der sogenannten Astrologie oder Kosmobiographie darzulegen. Karl Stumpff hat daraufhin die erkenntnis-theoretischen Grundlagen der Naturwissenschaften, auf denen auch die Astronomie und das gegenwärtige Bild vom Bau des Weltalls aufgerichtet sind, mit den geistigen Fundamenten verglichen, auf denen die alte Kunst der Sterndeutung beruht. Das Ergebnis dieses Vergleichs ist unzweideutig und unanfechtbar: Die der Astrologie zugrundeliegende Weltanschauung steht und fällt mit dem geozentrischen Weltbild, das seit den Tagen des Kopernikus zusammengebrochen ist. Die Astrologie als Wissenschaft hat heute keine Daseinsberechtigung mehr, da ihr Lehrsystem weder durch die Erfahrung gestützt wird noch in seinem Aufbau den allgemeingültigen Gesetzen des logischen Denkens genügt.

Die nachfolgenden Ausführungen sollen nicht nur die Irrwege kenntlich machen, auf denen sich das menschliche Denken im Aberglauben zu verlieren droht, sondern auch die Gründe verständlich machen, durch die viele Menschen für solch geistige Infekte anfällig wurden. Sie sollen die richtigen und einzig wirksamen Maßnahmen gegen den Rückfall in mittelalterliche Denkweisen aufzeigen.

Es ist leider unmöglich, allein mit wissenschaftlichen Argumenten die von der astrologischen Irrlehre erfassten Kreise von ihrer vorgefassten Meinung abzubringen. Selbst durch vernünftige Beweisführung kann man niemanden überzeugen, der die Denkgesetze missachtet oder nicht anerkennt, auf denen diese Beweisführung beruht. Dieses Buch ist daher nicht an jene gerichtet, die dem Aberglauben verfallen sind oder an diejenigen, die daraus Profit ziehen. Vielmehr richtet sie sich an Skeptiker, die zwischen dem Für und Wider nach dem richtigen Weg suchen, vor allem aber an Menschen, die bereit sind, die Wissenschaft in ihrem Kampf gegen Aberglauben und gewissenlose Geschäftemacherei zu unterstützen.

1. Kapitel

Eine versunkene Weltanschauung lebt wieder auf

Die Astrologie oder Sterndeutekunst, eine uralte Wissenschaft, die noch bis ins siebzehnte Jahrhundert hinein in hoher Blüte stand, verlor mit dem Anbruch der Neuzeit und mit der sich damals anbahnenden raschen Entwicklung der Naturwissenschaften allmählich an Ansehen und konnte etwa zu Beginn des zwanzigsten Jahrhunderts praktisch als erloschen betrachtet werden. Zwar spielte diese auf dem geozentrisch-anthropozentrischen Weltbild des Altertums fußende Lehre von der kosmischen Bedingtheit des Menschen, seines Charakters und Schicksals auch dann noch in unkritischen und mystischen Spekulationen zuneigenden Kreisen eine gewisse Rolle, aber das ungeheure Ansehen, das sich die exakten Wissenschaften und die rationalistische Denkungsweise in einer mehr als zweihundertjährigen stetigen Aufwärtsbewegung erworben hatten, verhinderten ein übermäßiges Umsichgreifen und Zurschautreten jener überlebten Weltanschauung. In der Tat hatte die Astrologie seit der Revolution des astronomischen Weltbildes, die mit Kopernikus begann und von Kepler, Galilei und Newton siegreich zu Ende geführt wurde, den Boden unter den Füßen verloren, denn sie war ja gewachsen auf der Vorstellung, dass die Erde im Mittelpunkt des Weltalls ruht und die Gestirne sie als Trabanten umkreisen. Der Mensch, als Beherrscher der Erde, war auf Grund des alten Weltbildes noch berechtigt, sich als das vornehmste und vor allen anderen Wesen bevorzugte Geschöpf des Kosmos zu fühlen, und durfte mit Recht erwarten, dass die Gestirne – deren physische Natur ihm unbekannt war, und deren verwickelte Bewegungen ihm dem Sinne nach unbegreiflich blieben – nur um seiner selbst willen da seien. So hielt er sie für himmlische Zeichen der Götter, die ihm durch sie symbolhafte Antworten auf seine Opfer und Gebete gaben. Das alles musste notwendig zusammenbrechen in dem Augenblick, als dem Menschen bewusst wurde, dass seine Erde keineswegs der Weitenmittelpunkt ist, wie er geglaubt hatte, sondern als kleiner unbedeutender Planet unter vielen um die Sonne kreist, und dass auch diese Sonne nur ein ziemlich kleiner und unbedeutender Stern ist, der irgendwo am Rande einer ungeheuren Wolke aus Milliarden seinesgleichen einen unauffälligen Platz einnimmt.

Wenn sich die Astrologie aufs Neue und nicht ohne Erfolg darum bemüht, das verlorene Terrain wieder-zugewinnen, so hat das verschiedene Ursachen, die insgesamt die Erscheinung verständlich machen, dass eine derart in ihren Grundfesten erschütterte Weltan-schauung ihre Anhängerschaft plötzlich vervielfacht und sich im öffentlichen Leben eine Stellung erobert, die ihr nach alledem, was oben gesagt wurde, nicht zukommt.

Die Ursache für dieses Phänomen sind zwei Weltkriege mit ihren verheerenden Folgeerscheinungen. Sie haben so viel Verzweiflung und seelische Not über die Menschheit gebracht, dass diese nun nach Auswegen sucht, die ihr weder die Religion noch der wissenschaftliche Rationalismus bieten können. Was noch im neunzehnten Jahrhundert undenkbar schien, einem Zeitalter, das dem Einzelnen trotz mannigfacher gärender Strömungen und Umwälzungen doch das Gefühl einer sicher und stetig fortschreitenden Entwicklung gab, entwickelte sich nun das Gegenteil: An Stelle der Lebenssicherheit, die vernünftige Planung für die eigene und die kommende Generation ermöglichte, trat die Lebensangst, die Unsicherheit des Heute und die gänzliche Ungewissheit des Morgen und des Übermorgen. Wen sollte es da wundern, dass der Mensch nach Zeichen sucht, die ihm die Zukunft deuten, die Fragwürdigkeit seines Schicksals mindern und ihm bei schwierigen Entscheidungen mit Rat und Hinweis dienen? In solchen Zeiten haben es die Propheten leicht, die jene alten Spielregeln wieder ausgraben, nach denen unsere Vorfahren ihr Schicksal aus den Sternen zu lesen vermeinten, und sie der nach Rat und Hilfe dürstenden Menschheit als uralte und ewig neue Weisheit vorsetzen. Die Kritik der Wissenschaft, die imstande ist, die Hohlheit jener Regeln und Lehren zu durchschauen, wird von jenen falschen Propheten kaum gefürchtet, denn diese wissen ja, dass erfahrungsgemäß der Ertrinkende zum Strohhalm greift, und dass der Kranke, dem der Arzt nicht mehr zu helfen weiß, auch zum Quacksalber geht, selbst wenn er dessen primitive Heilmethoden in gesunden Tagen verachtet hat.

Unbestreitbar hat die allgemeine Weltunsicherheit, die tägliche Bedrohung der persönlichen, wirtschaftlichen und nationalen Existenz der Menschen und Völker das meiste zum Wiederaufleben der Astrologie beigetragen. Statistische Erhebungen haben gezeigt, dass ein ungewöhnlich großer Prozentsatz der Bevölkerung fest an die Möglichkeit astrologischer Voraussagen glaubt und nur ein verhältnismäßig kleiner Teil sie unbedingt ablehnt. Kaum eine Wochenzeitschrift darf es wagen, auf die regelmäßige Wiedergabe von sogenannten *Sonnenhoroskopen* zu verzichten, ohne damit einen großen Teil ihrer Leserschaft zu verärgern – und das, obwohl diejenigen Astrologen, die ihre Wissenschaft ernsthaft zu betreiben glauben, diesen allzu offenkundigen Unsinn ablehnen und bekämpfen.

Dieses Nebeneinander von zwei verschiedenen Richtungen oder Wertstufen innerhalb der sterngläubigen Welt ist ebenso merkwürdig wie für die Unklarheit des astrologischen Denkens bezeichnend. Die *wissenschaftliche* Astrologie – nach ihrer eigenen Meinung die allein berechtigte und richtige Sterndeutekunst überhaupt – ist tatsächlich die unmittelbare Fortsetzung der mittelalterlichen Astrologie und hat sich nur notgedrungen den modernen Fortschritten der Astronomie angepasst, soweit dies eben möglich ist. Ihre Charakteristiken und Prognosen beruhen wie ehedem auf den sogenannten *Geburtshoroskopen*, d.h. schematischen Skizzen, in die für den Augenblick der Geburt eines Menschen die Stellung der beweglichen Gestirne[1] im Tierkreise und die Lage des Tierkreises bezüglich des Horizontes des Geburtsorts säuberlich eingetragen wird. Aus diesen Skizzen, die natürlich von Mensch zu Mensch sehr verschieden in Bezug auf die gegenseitige Stellung von Gestirnen, Tierkreiszeichen und Himmelsabschnitten[2] ausfallen, wird dann der Astrologe nach zum Teil althergebrachten, zum Teil auch neugeschaffenen Regeln seine Aussagen über Charakter und Anlagen der betreffenden Person[3] machen und, durch Vergleich zukünftiger Gestirns-

---

[1] Sonne, Mond, Planeten
[2] sogen. *Häusern*
[3] des Horoskopträgers

konstellationen mit ihrer Geburtsstellung, auch Aussagen über den weiteren *(bereits vergangenen oder zukünftigen)* Lebenslauf des Horoskopträgers versuchen. Die astrologischen Tages- oder Wochenhoroskope dagegen, die in Zeitungen und Zeitschriften zu finden sind und massenweise gutgläubige Leser finden, beruhen auf einem weit primitiveren Prinzip. Sie geben für bestimmte Tage oder Wochen Direktiven an, die verbindlich sein wollen für alle Leute, die ›unter einem bestimmten Zeichen‹ geboren sind, d. h. während sich die Sonne in einem der zwölf ›Zeichen‹ des Tierkreises befunden hat. Das einzige Merkmal, nach dem sich die Rat- und Auskunftheischenden hierbei unterscheiden, ist also der Stand der Sonne in ihrem Geburtshoroskop, während auf die Stellung der übrigen Gestirne ebensowenig Rücksicht genommen wird wie auf die Geburtsstunde, die ja wesentlich die Lage der Tierkreiszeichen zum Horizont beeinflusst, also anzeigt, welche Zeichen sich unter oder über dem Horizont befinden, auf- oder untergehen usw. Da nun die Sonne die zwölf Zeichen alljährlich in derselben Reihenfolge durchwandert, gibt es bei diesen ›Sonnenhoroskopen‹ nur zwölf Merkmale, und jede einzelne Voraussage oder jeder einzelne Ratschlag gilt somit für alle Menschen gleichzeitig, deren Geburtstag auf einen bestimmten Zeitraum von Monatslänge fällt, ganz unabhängig von Alter, Geschlecht, Herkunft usw., mit anderen Worten: für ein Zwölftel der ganzen Menschheit.

Es ist wahrhaft erschütternd, dass es allein in Deutschland Millionen von Menschen gibt, die gedankenlos auf solchen offenkundigen Unsinn hereinfallen und leichtgläubig für lautere Wahrheit nehmen, was sich geschäftstüchtige Skribenten aus den Fingern saugen und ihnen für gutes Geld anpreisen. Es ist daher auch verständlich, wenn sich die *wissenschaftlichen Astrologen* von diesen primitiven Methoden entrüstet abwenden. Sie tun das allerdings wohl nicht nur aus Zorn über unlauteren Wettbewerb oder darüber, dass ihre eigenen Bemühungen durch die allzu plumpe Bauernfängerei dieser Astrologen niederen Grades in Misskredit gebracht werden. Sie tun das auch mit kaum verhehlter Genugtuung darüber, dass sie ja die wahre, ernsthafte und allein maßgebliche Astrologie vertreten und sich somit turmhoch über jene Scharlatane erheben dürfen, die die Menschheit mit solchen unwissenschaftlichen Machwerken überschwemmen. Gerade die bewusste Gegenüberstellung zwischen wissenschaftlicher und Zeitungsastrologie hilft sehr dazu, den Eindruck zu erwecken, als handele es sich bei der ersteren tatsächlich um eine ernst zu nehmende Sache. Wir werden im Folgenden noch sehr eingehend zu untersuchen haben, ob dieser Eindruck richtig ist, oder ob sich die beiden Grade der Astrologie nur dadurch unterscheiden, dass der Unsinn, der bei dem einen klar auf der Hand liegt, bei dem andern durch einen komplizierten und undurchsichtigen Formalismus verdeckt wird. Wir werden in der Tat zu dem letzteren Schluss gelangen und uns überzeugen, dass Unsinn Unsinn bleibt, auch wenn er noch so sehr mit gelehrten Ausdrücken, schwierigen Formeln und tiefsinnigen Betrachtungen verbrämt wird.

Nun erhebt sich die Frage, ob die Nöte unserer Zeit wirklich die einzige Ursache dafür darstellen, dass heute der Aberglaube in der verführerischen und ansprechenden Form der Sterndeuterei wieder üppig in den Gärten der menschlichen Zivilisation wuchert, aus denen er schon ausgerottet zu sein schien. Es muss wohl noch ein anderer Umstand hinzukommen, der das Klima für sein Gedeihen so günstig macht. Sollte nicht neben der politischen auch die geistige Entwicklung der Menschheit zu dem Wiederaufleben der Astrologie beigetragen haben? Es ist eine der Aufgaben dieses Buchs, das Phänomen dieser Renaissance zu begreifen. Nur wenn wir erkennen, wie tief die Wurzeln von Aberglaube und Pseudowissenschaft mit denen des echten Kulturlebens verflochten sind, mag es gelingen, das Unkraut vom Weizen zu sondern. Die nächsten Abschnitte sollen dieser Frage nachgehen.

2. Kapitel

Die Erweiterung des physikalisch-astronomischen Weltbildes im zwanzigsten Jahrhundert

Nach einem Zeitalter großer Umwälzungen im sechzehnten und siebzehnten Jahrhundert hat die astronomische Wissenschaft eine zweihundertjährige Periode ruhiger und stetiger Entwicklung erlebt. Wir pflegen diese Periode, die mit der Entdeckung des Gravitationsgesetzes durch Isaak Newton (1687) begonnen hat und mit dem Ende des neunzehnten Jahrhunderts zu Ende gegangen ist, als die ›Klassische Epoche der Astronomie‹ zu bezeichnen, weil es in ihr gelungen war, die früher so beunruhigend verwirrten und rätselhaften Dinge des Himmels in eine kristallklare und durch formvollendete Schönheit und Harmonie ausgezeichnete Gestalt zu bringen – ähnlich wie dies auf anderen Gebieten in den klassischen Zeitaltern der bildenden Künste und der Dichtung geschehen ist. Dieser Epoche war als Hauptaufgabe das Problem gestellt, die Bewegungen der Himmelskörper unseres Sonnensystems, der Planeten, Monde, Kometen und Meteore, durch Beobachtung und Theorie zu erforschen. Diese Arbeit ist heute in ihren Grundzügen abgeschlossen, wenn auch aus ihrem Wesen immer neue Fragestellungen entspringen, zu deren Beantwortung jetzt und in aller Zukunft fortgesetzte Anstrengungen nötig sein werden. Die ›klassische‹ Einfachheit und Schönheit der ›Mechanik des Himmels‹ (unter welchem Namen man die Gesamtheit aller dieser Dinge zusammenfasst) beruht auf der durch die Erfahrung tausendfach bestätigten Erkenntnis, dass die Lösung aller Probleme der Bewegung der Himmelskörper im leeren Raum in einer einzigen Formel von äußerster Einfachheit und Symmetrie verborgen ist, eben in der Formel des Newtonschen Gravitationsgesetzes, nach der jede Masse des Weltalls jede andere mit einer Kraft anzieht, deren Größe proportional dem Produkt dieser Massen und umgekehrt proportional dem Quadrat ihres Abstandes ist. Aus dieser Urformel heraus lassen sich alle Einzelheiten der Himmelsbewegungen ableiten und begreifen und mit einer Genauigkeit berechnen, die bisher praktisch jeder noch so sorgfältigen Nachprüfung standgehalten hat.

Neben diesen klassischen Problemen traten im Laufe des neunzehnten Jahrhunderts neue Aufgaben auf den Plan und gaben Anlass zur Entwicklung neuer Zweige der astronomischen Wissenschaft, der *Astrophysik* und der *Stellarstatistik*. Die Astrophysik, die sich mit der Erforschung der physikalischen Beschaffenheit der Gestirne beschäftigt, geht zurück auf die Entdeckung der Absorptionslinien im Sonnenspektrum durch Wollaston und Fraunhofer anfangs des neunzehnten Jahrhunderts; ihr eigentliches Aufblühen begann aber erst in dessen sechziger und siebziger Jahren, als die instrumentellen Methoden der Spektralanalyse so sehr vervollkommnet waren, dass man sie mit Erfolg auf die Untersuchung des Lichtes der Sonne, der Planeten und der Fixsterne anwenden konnte. Die Stellarstatistik, d. h. die Untersuchung der großen Menge der Fixsterne mit ihren zahlreichen Unterscheidungsmerkmalen unter Anwendung der Methoden der Statistik, bildet ein Bindeglied zwischen Astrophysik und klassischer Astronomie. Ihre Geschichte beginnt mit den Studien des älteren Herschel (gegen Ende des achtzehnten Jahrhunderts) über die Verteilung der Fixsterne im System der Milchstraße; sie lässt sich ganz allgemein bezeichnen als die Wissenschaft vom Aufbau des Fixsternsystems. Die Forschungsmethoden der Stellarstatistik stützen sich einerseits auf die Beobachtung der Bewegungen der Fixsterne und die Bestimmung ihrer Entfernung nach den Methoden der klassischen Astronomie, andererseits aber auch auf die von den Astrophysikern gewonnenen Erfahrungen über die physikalische Natur der Sterne (ihre Helligkeit, Temperatur, Farbe, Masse, Dichtigkeit usw.), die es gestatten, sie in bestimmte Klassen und Typen einzuordnen.

Die bis dahin stetig und ruhig fortschreitende Entwicklung der Himmelskunde wurde in den ersten Jahrzehnten unseres Jahrhunderts durch eine sprunghafte Bewegung abgelöst, bei der die Astrophysik mit ihrem unerschöpflichen Reichtum an fruchtbaren Ideen und neuen, vorwärtsweisenden Aufgaben schnell den Vorrang über die alte klassische Astronomie gewann. Veranlassung dieses bemerkenswerten Vorgangs waren eine Reihe bedeutender Entdeckungen auf dem Gebiete der Physik, aus denen die Astrophysik großen Nutzen zog. 1900 begründete Max Planck die Quantentheorie, die schon für sich allein eine völlige Umwälzung unserer Vorstellungen vom Wesen der Materie und der Energie bedeutete. 1905 trat Albert Einstein mit seiner speziellen Relativitätstheorie und rund zehn Jahre später mit der allgemeinen Relativitätstheorie hervor, die an den Grundlagen der alten Newtonschen Physik rüttelte, die Idee von einem den Raum erfüllenden Weltäther beseitigte, eine ganz neue und unanschauliche Auffassung vom Wesen des Raumes und der Zeit brachte und selbst jene einfache Urformel der klassischen Mechanik, das Newtonsche Gravitationsgesetz, nur noch als eine Näherung gelten ließ, die außerhalb der Bereiche menschlich-sinnlicher Wahrnehmung, also im Makrokosmos des Universums ebenso wie im Mikrokosmos der Moleküle und Atome nicht mehr stichhaltig ist. Parallel mit diesen beiden revolutionären Entdeckungen und offensichtlich durch sie gefördert und beeinflusst liefen die rasch aufeinanderfolgenden Fortschritte der Atomphysik, die nach den Zeitaltern des Dampfes und der Elektrizität eine ganz neue Epoche der technischen Zivilisation – mit glänzenden Aussichten und furchtbaren Gefahren – heraufzubeschwören bestimmt ist.

Dass das tiefe Eindringen der Forschung in die unsichtbar kleine, geheimnisvolle Welt der Atome innig verknüpft ist mit bedeutsamen Einsichten in die großräumige Welt der Fixsterne und Nebelflecke, erscheint bei oberflächlicher Betrachtung paradox, ist aber bei genauerer Überlegung leicht verständlich: Wir erhalten unsere Kunde von den Sternen fast ausschließlich durch das Licht. Das Licht aber ist ein physikalischer Vorgang, der seinen Ursprung in den Zuständen und Bewegungen innerhalb der Atome des leuchtenden Körpers hat. Die Beschaffenheit des ausgestrahlten Lichtes ist demnach durch die Art der inneratomaren Vorgänge in der Lichtquelle bestimmt – je genauer also der Physiker den Prozess der Lichtaussendung durchschaut, desto besser wird er imstande sein, durch eine genaue Analyse des sein Auge erreichenden Lichtes alles Mögliche über die Dinge zu erfahren, die sich am Ausgangspunkt des Lichtstrahls ereignet haben. Das Licht der Gestirne, das der Astrophysiker mit Hilfe seiner Apparate zu zerlegen und auf das Genaueste zu untersuchen versteht, ist für ihn ein aufgeschlagenes Buch, aus dem er alles Wissenswerte über die Natur der leuchtenden oder beleuchteten Oberflächen der Himmelskörper zu lesen vermag, seitdem ihn die Physik und ganz besonders die moderne Atomphysik gelehrt hat, die geheimnisvolle Schrift auf seinen Blättern zu entziffern.

Diese Zusammenarbeit zwischen Physik und Astronomie ist außerordentlich fruchtbar gewesen. Sie hat dazu geführt, dass wir über die Beschaffenheit der Planetenatmosphären einige Kenntnisse erhalten haben. Wir haben reiche Erfahrungen sammeln können über den inneren Aufbau der Sonne und der Fixsterne, über deren Temperatur, Masse, Dichte und sonstige Eigenschaften. Wir haben auch gelernt, auf Grund astrophysikalischer Erkenntnisse über die Entfernung der Fixsterne weit mehr auszusagen, als es der klassischen Astronomie mit ihren feinsten Messmethoden möglich gewesen ist. Das alte trigonometrische Verfahren der Entfernungsmessung, mit dem im Jahre 1837 der Königsberger Astronom Friedrich Wilhelm Bessel zum ersten Male den Abstand eines Fixsterns bestimmen konnte, ist nur bis zu Entfernungen von höchstens dreihundert Lichtjahren anwendbar und erfasst daher nur einen recht kleinen Ausschnitt aus dem gewaltigen System der Milchstraße, dessen Durchmesser auf etwa hunderttausend Lichtjahre[4] geschätzt wird.

Demgegenüber sind den astrophysikalischen Methoden der Entfernungsbestimmung im Weltall praktisch keine Grenzen gesetzt. Sie beruhen zum größten Teil

---

[4] Lichtjahr = 9,46 Billionen km und die Strecke, die der Lichtstrahl mit seiner Geschwindigkeit von 300 000 km in der Sekunde im Laufe eines Jahres zurücklegt

darauf, dass wir aus der Beschaffenheit des Sternen-lichts Schlüsse auf die *›wahre Helligkeit‹* der Sterne ziehen können. Vergleicht man diese mit der von der Entfernung abhängigen *›scheinbaren He1ligkeit‹*, die man ja direkt messen kann, so folgt daraus die Entfernung. Mit Hilfe dieser Methoden, die äußerst vielgestaltig sind, können wir nicht nur die individuellen Abstände der helleren Sterne angeben, sondern kennen wir auch von den schwachen Sternen der Milchstraße, deren Licht für eine eingehende Untersuchung zu schwach ist, wenigstens durchschnittliche Entfernungen, so dass wir uns heute schon ein recht genaues Bild von Ausdehnung, Form und Aufbau des Milchstraßen-systems[5]) machen können.

Aber das Milchstraßensystem (oder die *›Galaxis‹*, wie es auch genannt wird) ist trotz seiner ungeheuren Ausdeh-nung nur ein verschwindend kleiner Teil der sichtbaren Welt. Der sich weit außerhalb seiner Grenzen aus-dehnende *›extragalaktische‹* Raum ist nicht leer, sondern von einer großen Zahl ähnlicher Weltsysteme erfüllt, die wie Inseln diesen Raum bevölkern. Der große deutsche Philosoph Immanuel Kant äußerte 1755 in einem sehr klugen Buch, der *»Allgemeinen Naturgeschichte und Theorie des Himmels«*, die Auffassung, dass die sogenannten *Spira1nebe1* weit entfernte Weltinseln seien, die nach Größe und Beschaffenheit unserem Milchstraßensystem verwandt sind. Diese Spiralnebel, deren nächster der mit bloßem Auge als matter Lichtfleck sichtbare Nebel in der *Andromeda* ist, sind flache, scheibenartige Gebilde mit meist spiraliger Feinstruktur, die in sehr großer Zahl

---

[5] jener viele Milliarden von Einzelsternen umfassenden Welt, der unsere Sonne als bescheidenes Individuum angehört

am Himmel zu finden sind – die Anzahl dieser Nebel, die mit den größten Instrumenten[6] erfassbar sind, wird auf mehrere hundert Millionen geschätzt. Noch in den ersten beiden Jahrzehnten unseres Jahrhunderts wusste man über die Entfernung dieser Objekte gar nichts; man hatte zwar herausgebracht, dass sie Ansammlungen von Einzelsternen waren, aber man war nicht sicher, ob es sich um extragalaktische Gebilde oder nur um Anhäufungen von Sternen innerhalb des Milchstraßensystems handelte. Erst ab 1954 gelang es mit dem großen hundertzölligen Spiegel des Mt. Wilson-Observatoriums, den Andromedanebel und ein paar andere der helleren Spiralnebel in Einzelsterne aufzulösen und an diesen Einzelsternen genauere astrophysikalische Untersuchungen anzustellen. Dabei stellte sich heraus, dass der Andromedanebel, das weitaus größte und hellste dieser Objekte, mindestens siebenunderttausend Lichtjahre[7] entfernt ist und sich daher tatsächlich weit außerhalb unseres Sternsystems befindet. Sorgfältige Schätzungen lassen erkennen, dass die schwächsten und fernsten Spiralnebel, die unseren größten optischen Hilfsmitteln noch zugänglich sind, rund zwei Milliarden Lichtjahre entfernt sind. Diese Zahlen, die jede menschliche Vorstellungskraft weit überschreiten, geben uns einen schwachen Eindruck wieder von dem Ausmaß, in dem sich in nur wenigen Jahrzehnten der Horizont unseres astronomischen Weltbildes erweitert hat.

---

[6] etwa dem Fünfmeter-Spiegelteleskop auf dem Mt. Palomar in Kalifornien

[7] nach inzwischen revidierten Messungen sogar anderthalb Millionen   Lichtjahre

3. Kapitel

Wissenschaft und Pseudowissenschaft

Aber gerade der schnelle Fortschritt der Forschung und diese unheimliche Erweiterung des Welthorizontes im Laufe eines einzigen Menschenalters hat – wenn wir diese Dinge einmal nicht vom Standpunkt des Wissenschaftlers und Forschers aus betrachten – gewisse Gefahren mit sich gebracht. Es war für den ungelehrten, aber wissbegierigen Laien schon immer schwierig, den zum Teil recht abstrakten Gedankengängen zu folgen, die dem astronomischen Weltbild zugrunde liegen. Die Astronomen vergangener Zeiten, die das geozentrische Weltsystem lehrten, hatten es leichter, da ihre Wissenschaft sich auf die unmittelbare Anschauung stützte. Aber schon die Lehre des Kopernikus von der die Sonne umkreisenden und sich um sich selbst drehenden Erde erforderte von dem einfachen, unverbildeten Geist, der sie begreifen wollte, ein ungewöhnlich hohes Maß an Abstraktion und ein Sichhineinversetzen in einen geistig bestimmten, der naturgegebenen Anschauung fremden Standpunkt. Es hat tatsächlich einer allmählichen Erziehung von mehreren Jahrhunderten bedurft, bis die Erkenntnis Allgemeingut wurde, dass wir das Weltall nicht von einer ruhenden Mitte aus sehen, sondern von einem ständig in wirbelnder Bewegung befindlichen Fahrzeug aus, und bis auch der an abstraktes Denken nicht Gewöhnte lernte, zwischen den wirklichen Vorgängen im Weltall und denjenigen zu unterscheiden, die nur durch die Bewegung seines Beobachtungsstandpunktes vorgetäuscht werden.

Die Zumutungen aber, die mit der *neuerlichen* Entwicklung des Weltbildes an das Verständnis der Allgemeinheit gestellt werden, sind so zahlreich und einschneidend, dass wir uns nicht wundern dürfen, wenn Aufnahmefähigkeit und Vorstellungskraft der breiten Öffentlichkeit wiederum nicht damit Schritt halten können. Fast unwesentlich dabei sind die im modernen Weltbild auftauchenden ›astronomischen‹ Zahlen. In der Tat macht es kaum einen Unterschied, ob wir von dem Laien verlangen, sich ein Bild von der Ausdehnung des Sonnensystems mit seinem Durchmesser von zehn Milliarden Kilometer zu machen, oder ob wir ihm erzählen, dass die gesamte sichtbare Welt mit allen ihren Spiralnebeln in einer Kugel von vier Milliarden Lichtjahren Durchmesser eingeschlossen ist. Beide Zahlen sind gegenüber irdischen Maßstäben unvorstellbar groß, und der menschliche Wille, der sich entschlossen hat, das eine, kleinere Maß zu akzeptieren, wird mit der gleichen Bereitwilligkeit versuchen, sich auch das größere irgendwie zu eigen zu machen.

Aber leider ist es mit dieser einfachen Vergrößerung der Weltmaßstäbe allein nicht getan. Die moderne Physik und die moderne Kosmologie dringen in Bereiche vor, in denen nicht nur andere Längen- und Zeitmaße gelten als im menschlichen Alltagsleben, sondern auch andere, von den uns angeborenen, abweichenden Anschauungsformen. Ein Beispiel: Noch zu Beginn des vorigen Jahrhunderts operierten die Physiker mit einem einfachen Atommodell, das aus einem Kern bestand, den eine Anzahl Elektronen umkreisen, wie Planeten die Sonne. Kern und Elektronen stellte man sich damals noch sehr realistisch und greifbar vor, nämlich als winzig kleine Kügelchen, und das Modell hatte somit eine augenscheinliche Verwandtschaft mit dem aus der klassischen Astronomie geläufigen Planetensystem, zumal auch die Kräfte, die das Elektron in seine Bahn um den Atomkern zwingen, eine formale Ähnlichkeit mit dem die planetaren Bewegungen regelnden Gravitationsgesetz haben. Damals durfte man noch hoffen, die Bewegungserscheinungen im Atom mit den altbewährten Methoden der klassischen Himmelsmechanik meistern zu können. Heute wissen wir längst, dass dies unmöglich ist. Mit den grobsinnlichen Elementen unserer natürlichen Anschauung lässt sich ein Modell der atomaren Vorgänge überhaupt nicht bauen. Die winzigen Elektronenkügelchen haben ihre sinnfällige Existenz verloren, nicht nur weil sie sehr viel kleiner sind als die Wellenlängen des sichtbaren Lichtes und daher für die Wahrnehmungsfähigkeit des menschlichen Auges untaugliche Objekte darstellen, sondern weil in den winzigen Bereichen des Raumes und der Zeit, in denen sie selbst und ihre Bewegungen enthalten sind, die uns gewohnten und angeborenen Vorstellungen von der Struktur des Raumes und der Zeit nicht mehr gelten. Das Atom und seine Bestandteile sind damit zu anschauungsfremden Schemen geworden, die ihre Realität nur noch in der Form schwieriger, dem Laien ganz unverständlicher mathematischer Formeln und Gleichungen behaupten. Ähnlich ist es mit der Raumvorstellung der modernen Astronomie. Die klassische Astronomie arbeitete immer noch mit der von Ewigkeit zu Ewigkeit beständig und gleichmäßig dahinfließenden, in ihrem Ablauf absolut messbaren Zeit und mit dem unendlichen Raum, in dem die schon von den alten Griechen her bekannten Gesetze der

Geometrie uneingeschränkt gelten. Heute wird anstelle jenes Raumes und jener Zeit, die Newton als Grundlage seiner Naturlehre benutzte, die unanschauliche Raum-Zeit-Mannigfaltigkeit der Einsteinschen Relativitäts-theorie gesetzt. Statt des unendlichen euklidischen Raumes, in dem sich die Parallelen niemals schneiden, und in dem die Winkelsumme in jedem Dreieck genau 180 Grad beträgt, tritt in der modernen Lehre vom Bau des Weltalls der in eine unanschauliche vierte Dimension hineingekrümmte ›sphärische Raum‹ auf, der, obwohl ohne Grenzen, doch einen endlichen Rauminhalt[8] und einen endlichen Durchmesser besitzt, in dem die Parallelen sich schneiden wie die Meridiane der Erdkugel an den Polen, und in dem die Winkelsumme sehr großer Dreiecke den Betrag von 180 Grad merklich überschreitet.

Wenn dann gar noch behauptet wird, dass dieser Raum sich, einer Seifenblase nicht unähnlich, mit ungeheurer Geschwindigkeit ausdehnt, dann wird der normale Menschenverstand zunächst einmal rebellieren.

Dieses Gefühl des ›Nichtmehrfolgenkönnens‹, des Ausgeschlossenseins vom Verstehen, hat sich in den hinter uns liegenden Jahrzehnten sehr weit und gerade unter denjenigen Menschengruppen verbreitet, die infolge ihrer guten Allgemeinbildung und geistigen Aufgeschlossenheit immer den größten Anteil der am wissenschaftlichen Fortschritt Interessierten gestellt haben. Die zahlreichen Versuche namhafter Wissen-

---

[8] Euklides, ein im 3. Jahrh. v. Chr. in Alexandria lebender griechischer Mathematiker, entwickelte in seinen »Elementen der Geometrie« die mathematischen Gesetzmäßigkeiten des unendlichen Raumes

schaftler, diese schwierigen Dinge in volkstümlicher, leicht fassbarer Form darzustellen, haben diese Enttäuschung und das daraus folgende Misstrauen nur wenig eindämmen können. Es gibt zahlreiche Werke, in denen sich berühmte Gelehrte in überaus geistvoller und fesselnder Weise über die moderne Physik und Astronomie und ihre weltanschaulichen Konsequenzen ausgesprochen haben. Solche Bücher, wie z.B. *»Atome, Sterne, Weltsysteme«* von H. Kienle, *»Das Weltbild der Physik«* von A. Eddington und *»Der Weltenraum und seine Rätsel«* von Sir James Jeans, sind in hohen Auflagen verbreitet worden. Dennoch wird der aufmerksame und aufgeschlossene Leser niemals das Gefühl ganz los, dass ihm etwas vorenthalten bleibt: Jene tiefe und kristallklare Einsicht in den Grund der Dinge nämlich, die nur demjenigen gewährt wird, der die Sprache der *Mathematik* versteht, jene Ursprache der exakten Wissenschaft, die sich nicht popularisieren und in keine andere menschliche Sprache übersetzen lässt.

Es kommt aber noch etwas anderes hinzu. Der Fortschritt der Wissenschaft verläuft heute stürmisch und mit einer Unstetigkeit, die in der geruhsamen Entwicklung früherer Epochen unbekannt gewesen ist. Der Kernphysiker in seinem Laboratorium und der Astronom an seinem Riesenteleskop sind heute Frontkämpfer der Wissenschaft in vorderster Linie und wissen, dass jede eroberte Position eine Veränderung der strategischen Lage ergeben kann. Dort, wo sie sich einsetzen, haben sie meist das wohlbehütete Gelände gesicherter Erfahrung und unbestrittenen Wissens weit hinter sich gelassen und bewegen sich auf wenig erforschtem Gebiet, wo jeder Schritt neue Überraschungen bringen kann. Der Beobachter dieses

Kampfes interessiert sich – was sehr verständlich ist – nur wenig für die Etappe, in der die ausgereiften Erkenntnisse Zug um Zug in das feste Gefüge sicheren Wissens eingeordnet werden, er will vielmehr gerade über die Dinge unterrichtet werden, die an der vordersten Linie vor sich gehen. Hier aber geht es nicht anders zu als überall, wo gearbeitet oder gekämpft wird: man überlegt, man probiert, man streitet; es werden Hypothesen aufgestellt und wieder verworfen, es werden Versuche gemacht, die gelingen oder missglücken. Was heute als gangbare Lösung eines schwierigen Problems begrüßt wird, verschwindet schon morgen wieder auf dem großen Abfallhaufen überalterter Arbeits-Modelle, um besseren, aber vielleicht auch nur kurzlebigen Lösungen Platz zu machen.

Der Laie, der diesem Spiel gespannt zuschaut und die Leichtigkeit bewundert, mit der sich die Spieler ihre Bälle zuwerfen, ist nur zu leicht geneigt, das Niveau zu unterschätzen, auf dem dies alles vor sich geht. Er vergisst, dass diese scheinbar spielerische Art des Vortastens in das Unerforschte nur demjenigen Erfolg bringen kann, der fest auf dem Boden der in Jahrhunderten gewonnenen Erfahrungen steht, und dass, um diesen Standpunkt zu gewinnen, eine harte Schulung des Geistes und der Urteilskraft notwendig gewesen ist. Der Beobachter, dem dies entgangen ist, fühlt sich versucht, in den tastenden Bemühungen des Forschers und in der Unzulänglichkeit und Problematik seiner Arbeitshypothesen lediglich einen Ausdruck innerer Unsicherheit zu sehen, und er zieht daraus den voreiligen Schluss, das ganze Gebäude der Wissenschaft auf unsicherem Grund und zeige bedenkliche Risse.

An diesem Punkte des Misstrauens angelangt, das

durch die Undurchsichtigkeit und die der naiven Anschauung widersprechende Form wissenschaftlicher Aussagen nur noch verstärkt wird, beginnt der Zweifler in sich den gefährlichen Gedanken zu nähren, er könne, ungehemmt durch *verstaubte Schulweisheit* und *überlieferte Vorurteile* alles selber viel besser, natürlicher und verständlicher machen. Jedes wissenschaftliche Institut und fast jeder einzelne Wissenschaftler erhält von Zeit zu Zeit Zuschriften, in denen Vorschläge für die Lösung des einen oder des anderen umstrittenen Problems gemacht werden. Bemerkenswerterweise handelt es sich dabei fast stets um Probleme, die ganz am Rande der möglichen Erkenntnis liegen, und deren exakte Lösung auf Grund der heute vorliegenden Erfahrungen noch gar nicht möglich ist. Es braucht kaum erwähnt zu werden, dass das Gros dieser Vorschläge völlig unbrauchbar ist, weil ihre Urheber nicht einmal über das unerlässliche Mindestmaß an Kenntnis der Materie verfügen. Besonders die Kosmologie[9] und die Kosmogonie[10] sind beliebte Tummelplätze laienhafter Erörterungen, obwohl es sich gerade hier um die tiefsten und schwierigsten Fragen handelt, um die sich die berufensten Geister aller Zeiten ohne endgültigen Erfolg bemüht haben und noch bemühen.

Wenn auch die meisten Erzeugnisse solcher Außenseiter kaum an die Öffentlichkeit gelangen, so haben doch einige derselben ein breites Publikum gefunden und erhebliche Verwirrung angerichtet. Ein typisches Beispiel dafür ist die sogenannte ›Welteislehre‹

---

[9] Lehre von der Ordnung und dem Aufbau des Weltganzen
[10] Lehre von der Entstehung und Entwicklung der Welten

des Wiener Ingenieurs Hanns Hörbiger (1860-1931), die einst großes Aufsehen erregte und durch geschickte Propaganda trotz eindeutiger Ablehnung durch die wissenschaftliche Astronomie eine große Anhängerschaft um sich versammelte. Diese von ihren Jüngern mit ungeheurem Fanatismus und entsprechendem Aufwand verbreitete Lehre konnte selbst bei naturwissenschaftlich Gebildeten Fuß fassen, weil das von ihr geschaffene Weltmodell – ganz im Gegensatz zu dem der modernen Astronomie und Astrophysik – an das Verständnis und die Fassungskraft des Publikums keine großen und schwer zu erfüllenden Ansprüche stellte, und weil in diesem Weltsystem eine handfeste Wirklichkeit konstruiert worden war, in der alles wunderbar einfach und durchsichtig vor sich ging, in der nichts passierte, als was etwa der Ingenieur X in seinem Eisenhüttenwerk oder die Hausfrau Y in ihrem Kochtopf beobachten kann, und zu dessen Verständnis nicht mehr mathematische Kenntnisse erforderlich waren, als sie der Lehrer Z bei seinen Schülern voraussetzen darf, wenn er ihnen eine paar einfache geometrische Figuren auf die Wandtafel malt. Dass diese so prachtvoll unkomplizierte und wie von selbst funktionierende Welt mit der Erfahrung in fast allen Einzelheiten in Widerspruch stand, war ihrem offensichtlich mangelhaft unterrichteten Schöpfer unbekannt und wurde von seinen überzeugten Anhängern als böswillige Unterstellung einer verknöcherten, an überlebten Anschauungen sich festklammernden Schulwissenschaft ignoriert.

Diese und ähnliche pseudowissenschaftliche Theorien[11] haben, obwohl sie inzwischen an ihrer eigenen Unzulänglichkeit allmählich zugrunde gegangen sind, dem Ansehen der echten Wissenschaft bei der großen Masse nicht wenig geschadet und das natürliche Misstrauen wachsen lassen, das der Laie unwillkürlich fühlt, wenn seinem Verständnis Dinge zugemutet werden, die seinem angeborenen und anerzogenen Denk- und Anschauungsvermögen irgendwie zuwiderlaufen. Der Vorsprung, den das wissenschaftliche Weltbild und die wissenschaftliche Einsicht in den Grund der Dinge vor dem noch in den einfacheren Vorstellungen der jüngeren Vergangenheit wurzelnden Weltbild des durchschnittlich gebildeten Zeitgenossen gewonnen hat, ist zu groß geworden, als dass er in kurzer Frist eingeholt werden könnte. Auch diese Tatsache muss beachtet und in Rechnung gezogen werden, wenn wir die Begierde begreifen wollen, mit der sich die Menschen unserer Tage auf Ersatzwissenschaften stürzen, die ihrem nach Erkenntnis und Wahrheit hungernden Geiste Nahrung geben. Auch die Astrologie gehört zu diesen Scheinwissenschaften. Das zu beweisen, ist ein wesentliches Anliegen dieses Buchs.

---

[11] wie die ›Hohlwelttheorie‹ des Johannes Lang

4. Kapitel

Die erkenntnistheoretischen Grundlagen der Naturwissenschaft

Ob die Astrologie zu den echten Wissenschaften oder zu jenen Pseudo- oder Scheinwissenschaften gehört, die in der Geschichte des menschlichen Irrtums eine teils komische, teils tragische Rolle spielen, ist nicht ganz einfach zu entscheiden. Im Falle von kurzlebigen Irrlehren, wie es Welteislehre oder Hohlwelttheorie gewesen sind, erledigt sich diese Frage meist von selbst, da solche Lehren an ihrer eigenen Unzulänglichkeit und Unfruchtbarkeit zugrunde zu gehen pflegen.

Die Astrologie nimmt hier zweifellos eine Sonderstellung ein. Sie ist uralt wie die Menschheit selbst, und sie war noch vor wenigen Jahrhunderten berechtigt, neben und gemeinsam mit der Astronomie den Namen einer Wissenschaft zu tragen. Dieser großen historischen Tradition, die auch von ihren Gegnern nicht geleugnet wird, sind sich die heutigen Anhänger und Verkünder der Sterndeuterei sehr bewusst. Sie nützen sie geflissentlich aus, um einem unkritischen Publikum die Berechtigung dieser Lehre neben der eigentlichen Himmelskunde – und nötigenfalls auch gegen sie – darzutun. Inzwischen hat sich aber ein gründlicher Standpunktwechsel vollzogen. Während von den Astronomen früherer Jahrhunderte, von Ptolemäus bis Tycho Brahe und Kepler, die Praxis der Ausdeutung von Horoskopen eifrig (wenn auch manchmal, wie im Falle Keplers, mit einer starken Skepsis) betrieben wurde, wird die Astrologie heute von der zünftigen Wissenschaft einmütig als finsterer Aberglaube abgelehnt und bekämpft.

Der Übergang vom geozentrischen Weltbild des Altertums und Mittelalters zum heliozentrischen Weltbild der nachkopernikanischen Zeit fällt mit diesem radikalen Umschwung der offiziellen Meinung nicht nur zeitlich zusammen, sondern ist auch eine seiner wesentlichsten Ursachen, worauf wir bereits in der Einleitung hingewiesen haben. Das kommt besonders deutlich in der Stellungnahme zur Astrologie zum Ausdruck, die von der deutschen *Astronomischen Gesellschaft* auf ihrer Tagung in Bonn im September 1949 einstimmig gefasst und durch einen öffentlichen Aufruf verbreitet wurde. Diese Entschließung hatte folgenden Wortlaut:

›Die Astronomische Gesellschaft als Vertretung der astronomischen Wissenschaft in Deutschland nimmt ihre Tagung in Bonn zum Anlass, die Öffentlichkeit vor dem immer mehr sich verbreitenden Unfug der Astrologie eindringlich zu warnen. Der Glaube, dass die Stellung der Gestirne bei der Geburt eines Menschen seinen Lebensweg beeinflusse, dass man sich in privaten und öffentlichen Dingen bei den Sternen Rat holen könne, hat seine geistige Heimat in einem astronomischen Weltbild, das die Erde und mit ihr den Menschen in den Mittelpunkt des kosmischen Geschehens stellt. Dieses Weltbild ist längst versunken. Was heute als Astrologie, Kosmobiologie usw. auftritt, ist nichts anderes als eine Mischung aus Aberglaube, Charlatanerie und Geschäft. Zwar gibt es astrologische Kreise, die von den genormten und gedruckten Charakteranalysen und Beratungen für alle Lebenslagen abrücken, diesen Torheiten aber ihre eigene ›wissenschaftliche‹ und daher ernst sein sollende Astrologie entgegenstellen. Aber auch diese Astrologie ist den Beweis, eine Wissenschaft zu sein und mit wissenschaftlichen

Methoden zu arbeiten, schuldig geblieben. Daran können auch gelegentliche Zufallstreffer astrologischer Aussagen nichts ändern. Astrologie ist lediglich ein System willkürlich angenommener Spielregeln. Ein solches System kann nicht den Anspruch erheben, wissenschaftlich begründete Deutungen und Prognosen in privaten und öffentlichen Angelegenheiten zu geben.‹

Aus dieser Stellungnahme geht hervor, dass nach Ansicht der heutigen Wissenschaft seit dem Zerfall des geozentrischen Weltbildes nicht nur der Boden eingestürzt ist, auf dem das Gebäude der Astrologie errichtet wurde, sondern dass auch das Bauwerk an sich brüchig und baufällig ist. Um über diesen wichtigen Punkt Klarheit zu gewinnen, werden wir uns eingehend mit den Strukturgesetzen der modernen Wissenschaft beschäftigen müssen. Erst dann können wir entscheiden, ob die Astrologie als wissenschaftliche Theorie diesen Gesetzen gehorcht oder nicht. Wir werden nach den unabdingbaren Voraussetzungen dafür zu suchen haben, dass einer wissenschaftlichen Aussage absoluter (oder auch nur relativer) Wahrheitsgehalt zugesprochen werden darf. Mit anderen Worten: Wir müssen die Wege, auf denen Erkenntnis gewonnen wird, kritisch beleuchten, ehe wir uns eine Entscheidung darüber anmaßen, ob eine vorgelegte Behauptung allgemeine Gültigkeit beanspruchen darf oder als Irrtum zurückgewiesen werden muss.

Die Kritik der Erkenntnis ist ein wichtiger Teil der Philosophie, dem Kant in seiner *»Kritik der reinen Vernunft«* (1781) die klassische Formulierung gegeben hat. Wir können aus der Fülle der tiefgründigen Gedanken, die Kant in diesem umfangreichen Werk entwickelt hat, nur einige wenige herausgreifen. Der

Mensch steht mit seiner Umwelt, der ›Wirklichkeit‹, durch zwei Brücken in Verbindung: durch seine Sinne, die von der Umwelt Eindrücke empfangen, und durch den Verstand, der ihm erlaubt, das Empfangene zu ordnen und Begriffe zu bilden. Durch sinnliche Wahrnehmung und begriffliches Denken werden die in der Tiefe des menschlichen Bewusstseins wurzelnden leeren Formen des Raumes und der Zeit mit einer bunten und lebendigen Fülle von Dingen und Geschehnissen ausgestattet, die aber zunächst nur die subjektive Erscheinungswelt des Individuums, das sie erlebt, darstellen. Erst eine genauere Analyse kann dazu führen, aus den verschiedenen Erlebnisinhalten der einzelnen Individuen das zu abstrahieren, was ihnen allen gemeinsam ist. Nur dieses Gemeinsame ist wirklich, etwa im Gegensatz zu Sinnestäuschungen, Träumen oder Denkfehlern, die nur für denjenigen, der sie erlebt oder begeht, eine gewisse subjektive Realität besitzen.

Daraus folgt, dass die Wissenschaft, die dem Menschen ein allgemeinverbindliches Bild von der Wirklichkeit (oder bestimmter Ausschnitte davon) vermitteln will, in ihren Aussagen zwei notwendige Bedingungen erfüllen muss: Diese Aussagen müssen von jedem mit normalen Sinnen und normalem Denkvermögen ausgestatteten Menschen nachprüfbar sein – wenn auch auf langen Umwegen – und sie müssen ferner in sich und im Zusammenhang mit allen übrigen als richtig erkannten Aussagen widerspruchsfrei sein. Eine Wissenschaft gibt es, die diese Voraussetzungen mit aller wünschenswerten Strenge erfüllt: Die Mathematik. Sie stellt ein Lehrgebäude dar, das auf unerschütterlichen Grundpfeilern aufgebaut ist, und dessen einzelne

Teile so fest und sicher miteinander verbunden sind, dass nichts es zum Einsturz bringen kann. Sie ist aufgebaut auf einigen wenigen einfachen Grundsätzen, deren Gültigkeit nicht angezweifelt werden kann, wie etwa der Satz: ›Jede Größe ist sich selbst gleich‹. Jede einzelne mathematische Aussage lässt sich auf solche einfachen Grundsätze oder ›Axiome‹ durch eine ununterbrochene Kette von logischen Schlussfolgerungen zurückführen, deren Berechtigung wiederum auf allgemein anerkannten und verbindlichen Denkgesetzen beruht. Eine mathematische Behauptung, die mit bereits bewiesenen mathematischen Sätzen in Widerspruch steht, ist nowendig falsch.

Infolge ihres strengen Aufbaus und ihrer widerspruchslosen Geschlossenheit ist die Mathematik von unermesslicher Bedeutung für die Entwicklung der modernen Naturwissenschaft geworden. Aber so unentbehrlich die Mathematik in diesem Bereich – etwa bei der strengen Formulierung der Naturgesetze – auch ist, sie allein reicht zum Aufbau einer Naturwissenschaft nicht aus. Denn die Elemente der Mathematik entstammen allein den reinen Anschauungsformen des Raumes und der Zeit (Punkt und Zahl!), während als Elemente der Naturwissenschaft die Dinge der sinnlichen Wahrnehmung (Körper, Licht, Farbe, Ton usw.) hinzukommen. Ziel der Naturwissenschaften ist es, innerhalb der Grenzen menschlicher Erkenntnis ein objektives (d. h. allgemeinverbindliches und in sich widerspruchsfreies) Bild jener Wirklichkeit zu schaffen, die wir als ›Natur‹ bezeichnen. Im Gegensatz zur Mathematik, deren höchste und reifste Erkenntnisse bereits in ihren einfachsten Grundsätzen beschlossen sind, wie die ausgewachsene Pflanze im Samenkorn, und aus ihnen lediglich durch richtiges Denken entwickelt werden, beruht die Erkenntnis der Natur zunächst auf Erfahrung.

Unter gewissen Umständen lässt sich eine und dieselbe Erkenntnis sowohl durch mathematisch-logische Schlussfolgerungen als auch durch Erfahrung ermitteln. Ein Beispiel dafür möge den Unterschied zwischen diesen beiden Wegen zur Erkenntnis und die Verschiedenheit der Bewertung deutlich machen, die das auf beide Arten gewonnene Ergebnis für uns hat. Der Mathematiker beweist aufgrund der Axiome der Geometrie in aller Strenge, dass in jedem Dreieck, unabhängig von seiner Form und Größe, die Summe der drei Winkel gleich 180 Grad ist. Dasselbe Ergebnis ließe sich auch auf dem Wege der Erfahrung erzielen: Man zeichne eine beliebig große Zahl von Dreiecken verschiedener Form und Größe und messe ihre Winkel mit einem geeigneten Messgerät. Man wird auch auf diese Weise zu dem gleichen Resultat gelangen, dabei aber zu gewissen, in der Natur dieses Verfahrens liegenden Einschränkungen gezwungen sein. Erstens nämlich entsprechen die vom Zeichner entworfenen Dreiecke keineswegs dem Ideal des Mathematikers, für den sie als reine Gedankenkonstruktionen mit allen nur denkbaren Vollkommenheiten ausgestattet sind. Die Begrenzungen der gezeichneten Dreiecke aber sind keine vollkommen gerade Linien, nicht einmal eindimensionale Gebilde, sondern als Bleistift- oder Federstriche mit allen körperlichen und technischen Unvollkommenheiten behaftet; auch ergeben die Winkelmessungen die Größe der Winkel nur mit gewissen Ungenauigkeiten, die teils in der mangelhaften Konstruktion der Messgeräte, teils in den unvermeidlichen Messfehlern ihre Ursache haben, die ihrerseits durch die Unzulänglichkeit unserer Sinne bedingt sind. Schließlich aber ist es praktisch unmöglich, die unendlich große Mannigfaltigkeit aller denkbaren Dreiecke in dieses Experiment einzubeziehen – man wird sich immer auf eine endliche Zahl von Musterbeispielen beschränken müssen. Der Versuch, den Satz von der Winkelsumme der Dreiecke durch *Erfahrung* zu beweisen, wird also folgendes, nicht ganz befriedigendes Resultat zeitigen: Alle Dreiecke, die im Verlauf des Versuches gezeichnet wurden, haben Winkelsummen, die von 180 Grad nur um geringe Beträge nach oben oder unten abweichen, und es ist kein einziger Fall von beträchtlicher Abweichung bekannt geworden. Es ist also sehr wahrscheinlich, dass die Winkelsumme aller möglichen Dreiecke stets in unmittelbarer Nähe von 180 Grad liegt, aber es wäre natürlich denkbar, dass man bei beliebig langer Fortsetzung der Versuche doch noch auf Dreiecke mit erheblich abweichenden Eigenschaften stoßen könnte. Demgegenüber lautet das Urteil des Mathematikers, und zwar ohne langwierige Versuche, lediglich durch einfache Überlegung: Wenn die Axiome der euklidischen Geometrie richtig sind, hat jedes denkbare Dreieck *ohne Ausnahme* und *genau* die Winkelsumme 180 Grad.

Es liegt in der Natur der Sache, dass nicht alle Erfahrungssätze auch durch einfache mathematische Überlegungen bewiesen werden können, denn in den Naturwissenschaften bezieht sich die Erfahrung ja im allgemeinen auf ganz andere Dinge als auf rein räumlich-zeitliche Zusammenhänge. Die Feststellung *je länger ein Fadenpendel ist, um so länger ist seine Schwingungs-*

dauer, ist zunächst ein reiner Erfahrungssatz, dessen Gültigkeit nur darauf beruht, dass bisher noch niemand, der Pendelschwingungen aufmerksam beobachtete, etwas Gegenteiliges bemerkt hat. Diese erfahrungsmäßige Gesetzlichkeit lässt sich nun in eine für die mathematische Ausdrucksweise geeignete Form bringen, indem man etwa die Längen verschiedener Pendel nach Zentimetern und die zugehörigen Schwingungsdauern nach Sekunden misst. Der Beobachter wird mit Hilfe dieses Experiments feststellen, dass die Schwingungsdauer im gleichen Maße zunimmt wie die Quadratwurzel aus der Pendellänge, so dass also ein Pendel, dessen Faden um das Vierfache verlängert wird, doppelt so lange schwingt. Auch dies ist ein rein durch Erfahrung gewonnenes Ergebnis, dessen Wahrheit sich lediglich auf die Tatsache stützt, dass es bei jeder Wiederholung des Versuchs immer wieder aufs Neue bestätigt wird. Es ist aber noch sehr weit entfernt davon, Teil eines geschlossenen und in sich gefestigten Systems zu sein, so etwa wie der Satz von der Winkelsumme im Dreieck ein unentbehrlicher und mit allen übrigen Erkenntnissen zwangsläufig verflochtener Bestandteil des großen Lehrgebäudes der Mathematik ist.

Ziel der exakten Naturwissenschaft, insbesondere der Physik, ist es nun, aus der Summe einzelner unzusammenhängender Erfahrungstatsachen − (seien sie nun mathematisch formulierbar wie das Gesetz der Pendelschwingung oder einfach qualitative Aussagen wie die, dass ein losgelassener Stein zur Erde fällt) − ein zusammenhängendes System zu bilden, das dem der Mathematik wesensgleich ist: Seine Fundamente sollen gebildet werden durch eine möglichst geringe Anzahl von exakt formulierten, der Erfahrung entnommenen Grundbegriffen und allgemeingültigen Aussagen. Aus ihnen soll es möglich sein, durch mathematisch-logische Schlüsse alle übrigen Erfahrungstatsachen aus der Welt der Erscheinungen oder wenigstens aus gewissen abgeschlossenen Bereichen dieser Welt abzuleiten und als notwendige Folgerungen zu begreifen. So kann z.B. durch die grundsätzliche Annahme einer ›Kraft‹, die mit stets gleichbleibender Stärke alle Körper senkrecht auf die Erdoberfläche hin zu bewegen bestrebt ist, zusammen mit der weiteren Annahme, dass alle Körper, auf die keine solche Kraft wirkt, vermöge einer ihnen innewohnenden ›Trägheit‹ entweder in Ruhe bleiben oder eine einmal angenommene Bewegung mit gleicher Geschwindigkeit und in gleicher Richtung beibehalten, eine ganze Anzahl von scheinbar zusammenhangslosen Erfahrungen zwangsläufig und mit mathematischer Strenge hergeleitet werden: So die Gesetze der Pendelbewegung, des freien Falls der Körper und die Gesetze der Bahnbewegung eines geworfenen Balls, die somit nun verständlich werden, wenn wir nur die Existenz der Schwerkraft und der Trägheit der Materie voraussetzen.

Wenn wir auf diesem Wege fortschreiten, finden wir, dass sich auf Grund dieser wenigen Elementarbegriffe auch der gesamte Komplex der Bewegungserscheinungen der Himmelskörper im Weltall ›erklären‹ lässt. Wir brauchen nur die auf der Erdoberfläche wirkende Schwerkraft als Spezialfall einer allgemeinen Anziehungskraft aufzufassen, die alle Körper des Weltalls gegenseitig aufeinander ausüben: Jener von *Newton* entdeckten Gravitationskraft, um zu erkennen, dass sich mit Hilfe dieser einzigen Voraussetzung die gesamte Mechanik des Weltalls erklären, alle Bewegungen im

Weltall maßgerecht ableiten und sogar auf praktisch unbegrenzte Zeit im voraus berechnen lassen.

Die Entwicklung der ›Mechanik‹ als eines Teils der Physik zu einer Wissenschaft, die nach dem Muster der Mathematik nach einem strengen Plan aufgebaut ist, und deren einzelne Aussagen sich widerspruchslos ineinanderfügen, hat der modernen Naturwissenschaft im letzten Quartal des neunzehnten Jahrhunderts einen gewaltigen Auftrieb gegeben und insbesondere bei der Ausbildung der anderen Zweige der Physik als Vorbild gedient. Unbefriedigend blieb dabei aber die Tatsache, dass es überhaupt neben der Mechanik noch solche anderen Zweige dieser Wissenschaft gab, wie Wärmelehre, Akustik, Optik, Elektrizitätslehre usw., die jeder für sich einen besonderen Vorrat an Grundvorstellungen beanspruchten und jeder für sich in ähnlicher Strenge aufgebaut sein wollten. Das neunzehnte Jahrhundert, das die Vollendung der irdischen wie der himmlischen Mechanik mit sich brachte, war daher auch erfüllt von dem Gedanken, alle anderen Disziplinen der Physik, ja der gesamten Naturwissenschaft einschließlich der die rätselhaften Lebensvorgänge behandelnden Biologie, auf die Mechanik zurückzuführen, d.h. alle Vorgänge in der Wirklichkeit letzten Endes als mechanisch bedingt und mechanisch ablaufend zu enthüllen. Das gelang auch recht gut in der Wärmelehre, indem gezeigt werden konnte, dass die Energieform der Wärme sich deuten lässt als die gesamte mechanische Bewegungsenergie der Moleküle in festen Körpern, Flüssigkeiten und Gasen. Auch ließ sich die Theorie der elastischen Schwingungen in Körpern, ebenfalls eine rein mechanische Angelegenheit, mit Erfolg auf die Akustik, die Lehre vom Schall, anwenden, und man versuchte schließlich, unter der Annahme eines hypothetischen, den leeren Raum überall erfüllenden und mit elastischen Eigenschaften ausgestatteten ›*Weltäthers*‹, auch die Erscheinung des Lichtes und der dem Licht wesensverwandten elektromagnetischen Wellen ähnlich wie die Schallwellen mechanisch zu deuten.

Dieser Versuch einer Zurückführung aller Naturerscheinungen auf mechanische Ursachen ist allerdings gescheitert. Die großen Fortschritte in der Naturerkenntnis, die in der ersten Hälfte des vorigen Jahrhunderts gemacht worden sind, insbesondere die neugewonnenen Einsichten in die Struktur der Materie und den Bau der Atome, haben es wahrscheinlich gemacht, dass es eher die Gesetze der Elektrodynamik als die der klassischen Mechanik sind, die das Weltall beherrschen. Wir wollen dies hier nur am Rande erwähnen, um zum Ausdruck zu bringen, dass die Bestrebungen, das durch die Fülle neuer Entdeckungen nicht gerade einfacher werdende Weltbild der Physik auf eine einheitliche Grundlage und in eine übersichtliche, in sich widerspruchslose Form zu bringen, weitergehen. Die Suche nach einem einfachen System von Formeln, aus dem die ganze Fülle der physikalischen Erscheinungen im Makrokosmos des Weltalls wie im Mikrokosmos der Atome streng abgeleitet werden kann, ebenso wie die Formel des Newtonschen Gravitationsgesetzes die Erscheinungen der klassischen Himmelsmechanik in sich enthält, ist heute noch in vollem Gange. Wenn sie einmal zum Erfolg geführt haben wird, wird das Weltbild der Physik (und der Astronomie, die dann nur noch ein Teil von ihr sein wird) ein ebenso einheitliches, geschlossenes und unerschütterliches Lehrgebäude darstellen, wie es die Mathematik schon seit langen Zeiten ist.

Wenn wir uns nun fragen – und darauf wird es im Zusammenhang mit dem hier zu behandelnden Thema ganz besonders ankommen – welches die Kriterien sind, an denen man echte wissenschaftliche Arbeit von dem Pfuschertum der Pseudowissenschaftler unterscheiden kann, so lässt sich darauf folgendes grundsätzlich antworten: Echte Wissenschaft ist alles, was dazu dient, diese Idee eines allgemeingültigen, mit der Summe aller Erfahrungen nirgends in Widerspruch stehenden Bildes vom Weltganzen verwirklichen zu helfen. Pseudowissenschaft ist alles, was sich in die Gesamtheit der Erfahrung nicht einordnen lässt. Echte Wissenschaft wird sich stets in ihrem Aufbau und in allen ihren Folgerungen an die strengen Gesetze des logischen Denkens halten, während die Pseudowissenschaft sie – bewußt oder unbewußt – missachtet, um nach Scheingründen für eine vorgefasste Meinung zu suchen.

Wenn man die Dinge unter diesem Gesichtswinkel betrachtet, wird auch der Irrtum derjenigen offenbar, die in der tastenden Unsicherheit der Meinungen an der vordersten Front der Forschung, in dem raschen Wechsel der Hypothesen und in dem Streit der Gelehrten, ja selbst in der resignierenden Erklärung, für ein Problem keine Lösung zu haben, ein Zeichen für die Brüchigkeit der Wissenschaft sehen und solchen Lehren den Vorzug geben, die für alle Fragen, auch die schwierigsten, stets eine Antwort parat halten. Denn es ist ja in der Wissenschaft so, dass jede neue Erkenntnis, jede Erklärung einer neu beobachteten Erscheinung genau darauf geprüft werden muss, ob sie in das System des bereits als richtig Erkannten hineinpasst oder nicht.

Sogar das, was jahrzehnte- oder jahrhundertelang als wahr angesehen worden ist, kann man nicht für unumstößlich sicher halten, solange es nicht ausgeschlossen ist, dass eines Tages neu gemachte Entdeckungen oder Beobachtungen ihm widersprechen. *Eine absolute Wahrheit gibt es nicht.* Selbst die Sätze der Mathematik sind nur wahr, solange man die Gültigkeit der Axiome, auf denen sie beruht, als gegeben hinnimmt. Der Satz von der Winkelsumme im Dreieck ist nur dann richtig, wenn wir den nicht ganz selbstverständlichen, wenn auch unserem Anschauungsvermögen plausiblen Grundsatz gelten lassen, dass man zu einer Geraden durch jeden Punkt *eine* und *nur eine* Parallele ziehen kann. In einer Geometrie, die diesen Grundsatz nicht anerkennt (und auch eine solche lässt sich als widerspruchsfreies System entwickeln), gilt der Satz von der Winkelsumme nicht. Wieviel mehr also müssen sich die Wahrheiten der Naturwissenschaft als relativ erweisen, deren Grundsätze und Grundbegriffe aus der mit den oft trügerischen menschlichen Sinnen aufgenommenen Erfahrung stammen!

Es ist also keineswegs ein Zeichen von innerer Unsicherheit und Hilflosigkeit, wenn in der Naturwissenschaft die Standpunkte und die Theorien sich in dauerndem Wechsel ablösen. Im Gegenteil: Gerade durch seine Bereitschaft, ein mühsam erarbeitetes Ergebnis fallen zu lassen, wenn neue Einsichten dagegen sprechen, und eine gute Theorie der besseren zuliebe aufzugeben, erweist sich der echte Wissenschaftler, dem die Wahrheit höher steht als seine eigene Meinung. Wir werden in der Folge für diese Haltung noch Beispiele aus der Geschichte der Wissenschaften kennen lernen.

5. Kapitel

Ist die Astrologie eine Wissenschaft?

Wir haben schon mehrfach betont, dass bis zum Ende des Mittelalters die Astrologie als Wissenschaft ein fast unangefochtenes Ansehen genoss. Man kann das damit begründen, dass zu jener Zeit, in der das geozentrische Weltbild den Rahmen der Natur- und Weltanschauung bildete, kein vernünftiger Grund vorhanden war, ihr diesen Anspruch streitig zu machen. In der Tat kamen die Angriffe gegen die Astrologie, die auch damals nicht fehlten, weniger von der noch sehr in den Kinderschuhen steckenden Naturwissenschaft her, als vielmehr von seiten der Philosophie und der christlichen Religion. Aber auch hier waren die Ansichten durchaus geteilt, und die Angriffe entbehrten der tödlichen Schlagkraft.

Das naturwissenschaftliche Weltbild war noch zur Zeit des Kopernikus (1473-1543) primitiv; es fehlte ihm die erkenntnistheoretische Untermauerung, die das Gebäude unserer modernen Naturwissenschaft so solide gemacht hat, fast völlig. Eine Physik im heutigen Sinne gab es noch nicht. Das Wenige, das man wusste oder zu wissen glaubte, las man in den Werken der Alten, insbesondere des *Aristoteles,* deren oft ungenaue oder gar falsche Deutungen des Naturgeschehens gutgläubig und ohne Nachprüfung hingenommen wurden. In der Astronomie galt seit dem zweiten Jahrhundert n. Chr. unumstritten die Autorität des Ptolemäus, dessen um das Jahr 150 entstandenes Handbuch, der ›*Almagest*‹, fast anderthalb Jahrtausende hindurch das Standardwerk der Himmelskunde blieb, dem wesentlich Neues kaum hinzugefügt wurde.

In einer Welt, in der – ähnlich wie die Religion – auch die Wissenschaften mehr oder weniger nach dem Autoritätsprinzip aufgebaut waren (nur die Mathematik machte hier eine rühmliche Ausnahme), fand die Astrologie einen ihr sehr zusagenden Nährboden. Auch sie ist als ›Wissenschaft‹ durchaus autoritär ausgerichtet; auch sie leitet ihre Aussagen, Formeln und Gesetze aus Überlieferungen ab, die um so höher geschätzt werden, je älter sie sind und je mehr von mystischen Geheimnissen umwittert die Quellen erscheinen, aus denen ihre Weisheiten fließen. Der Ausbreitung solcher auf Gläubigkeit und Vertrauen beruhenden Anschauungen hatte das vorkopernikanische Zeitalter nichts Rechtes entgegenzusetzen. Zwar gab es auch damals schon kritische Geister, die durchaus nicht bereit waren, alles unbesehen hinzunehmen, was ihnen als uralte und durch Tradition geheiligte Weisheit entgegengebracht wurde, und die Grundelemente kritischen und folgerichtigen Denkens waren ihnen aus den Werken der antiken Mathematiker und Philosophen wohlbekannt und vertraut. Aber das mächtige Instrument der modernen Erkenntnistheorie, das auf diesen Grundelementen aufbauend erst geschaffen werden musste, stand ihnen noch nicht zur Verfügung. Erst nachdem Galilei zu Beginn des siebzehnten Jahrhunderts durch seine Forschungen den Grund zu einer nicht auf Spekulation, sondern auf Beobachtung und Messung beruhenden Physik gelegt hatte und gleichzeitig Kepler, die starren Vorurteile der antiken Astronomie beiseiteschiebend, die wahre Form der Planetenbewegung entdeckte, wurde die kritische Methode der Naturbetrachtung in der Wissenschaft heimisch und verfiel die Astrologie, die ihren scharfen Bedingungen nicht entsprach, allmählich der Ablehnung.

Um diesen Vorgang zu verstehen, müssen wir uns überlegen, auf welchen Fundamenten die *»wissenschaftliche«* Astrologie beruht, durch welche Denkprozesse ihr Lehrsystem aufgebaut worden ist und zusammengehalten wird, und wie es um ihre Übereinstimmung mit der Welt der Erfahrung und der unbestreitbaren Tatsachen bestellt ist.

Wann und wie die hauptsächlichsten Regeln entstanden sind, nach denen auch heute noch die Astrologen die Zusammenhänge zwischen den Gestirnsstellungen und den Erscheinungen des menschlichen Lebens zu berechnen pflegen, wissen wir nicht – diese Entstehungsgeschichte verliert sich im Dunkel der Zeiten. Tatsache ist, dass Sterndeuterei bei fast allen Völkern des Altertums getrieben wurde, und dass Astrologie und auf reine Erkenntnis der Weltzusammenhänge bedachte astronomische Forschung Hand in Hand gingen und zumeist von Gelehrten und Priestern ausgeübt wurden. Der Eifer, mit der Sterndeutung von diesen betrieben wurde, und die Wertschätzung, der sich die astrologischen Aussagen und Voraussagen bei der unwissenden Menge der anderen erfreute, hatte verschiedene Gründe, die im Wesentlichen denen glichen, die wir auch heute noch bei den Astrologen und der Schar ihrer Anhänger finden: Die Astrologen selbst, einerlei ob sie selber von dem Wahrheitsgehalt ihrer Aussagen überzeugt waren oder nicht, besaßen in ihren Künsten ein Mittel, um Erstrebenswertes zu gewinnen: Wohlstand und Macht. Die große Masse der Übrigen aber, reich und arm,

Könige und Volk, bediente sich gern des Rates der Sternkundigen. Sie war zu allen Zeiten orakelfreudig, und es war ihr im Grunde einerlei, ob ihr die ungewisse Zukunft aufgedeckt wurde durch Vogelflug, durch die Eingeweide der Opfertiere, durch die Blätter eines Kartenspiels, den Kaffeesatz, die Handlinien oder durch die Konstellation der Planeten. Weise und Priester aber fanden in der Kunst der Sterndeutung ein einzigartiges Mittel, um die abergläubische Menge zu lenken, zu beherrschen, zu beschwichtigen und nötigenfalls auch aufzuwiegeln. Sie gewannen durch sie sogar Macht über die Mächtigen, über Könige und Feldherren, die bei ihnen Rat einholten und sich von ihnen oft genug in ihren Entschlüssen beeinflussen ließen. Diese Autorität war um so schwerer zu erschüttern, als sie meistens anonym blieb, denn die Persönlichkeit des Sterndeuters trat ja lediglich als Sprachrohr überirdischer Gewalten hervor, die angeblich ihren Willen durch die Schrift der Gestirne kund taten.

Wie aber kamen die Astrologen dazu, den Gestirnen bestimmte Funktionen und ihren Stellungen am Himmel bestimmte Bedeutungen für das Menschengeschlecht zuzuschreiben? Es gibt nur drei Möglichkeiten, um in den Besitz solcher geheimnisvoller Regeln und Rezepte zu gelangen: Erstens auf demselben Wege, auf dem die moderne Naturwissenschaft zu ihren Erkenntnissen gelangt, nämlich durch Beobachtung und Erfahrung; zweitens durch göttliche Inspiration; drittens schließlich durch willkürliche Festsetzung.

Die modernen Astrologen, die wohl wissen, dass sie mit der zweiten Möglichkeit der Öffentlichkeit nicht mehr – wie noch im Mittelalter – erfolgreich unter die Augen treten können, und dass die dritte Möglichkeit ihre ganze Kunst zu einer Jahrmarkts-Spiegelfechterei herabwürdigen würde, klammern sich mit allen Kräften an die erste. Nun soll gewiss nicht geleugnet werden, dass hier und da das zufällige Zusammentreffen einer Planetenkonstellation mit besonderen Ereignissen wie Kriegen, Feuersbrünsten, Überschwemmungen und Erdbeben oder mit Geburt und Tod, Glück und Unglück im Leben von Königen und anderen hochgestellten Persönlichkeiten Anlass zur Bildung einzelner astrologischer Deutungsregeln gegeben hat, die dann ein für allemal in den astrologischen Erfahrungsschatz übernommen und hier und da auch geändert und vervollständigt wurden. Eine Erfahrungswissenschaft im heutigen Sinne verlangt aber mehr, nämlich eine bewusste und systematische Sammlung von Beziehungen dieser Art, ihre kritische Sichtung und das Ausmerzen aller Aussagen, die nicht vollständig oder wenigstens zu einem weit über die Zufallsmöglichkeit hinausgehenden Prozentsatz mit der Wirklichkeit übereinstimmen. Die Geschichte der Astrologie enthält aber nicht den kleinsten Hinweis darauf, dass eine solche kritische Untersuchung jemals vorgenommen wurde; auf die Ansätze solcher Untersuchungen in jüngster Zeit und ihre Resultate werden wir in einem späteren Abschnitt noch einzugehen haben.

Natürlich bedeutet das Fehlen solcher Hinweise immer noch nicht, dass ehrliche Bemühungen um die Herstellung eines erfahrungsgemäß gesicherten Zusammenhangs zwischen den Stellungen der Gestirne in Horoskopen und den persönlichen Angelegenheiten der Horoskopträger in längst vergangenen Zeiten nicht stattgefunden haben. Aber sehr wahrscheinlich ist das nicht, wenn wir bedenken, dass auch in der reinen

Wissenschaft dieses strenge Verfahren erst seit wenigen Jahrhunderten bekannt ist und ausgeübt wird. Noch unwahrscheinlicher wird das aber, wenn wir die von der Astrologie zusammengebrauten Regeln und Rezepte selbstkritisch unter die Lupe nehmen.

Wir haben schon festgestellt, dass die Aussagen einer echten Wissenschaft durch Folgerungen miteinander verknüpft sind, die allgemein anerkannten, unbestrittenen Regeln des logischen Denkens gehorchen müssen. Die *Logik*, die Lehre vom richtigen Denken, ein der Mathematik in ihrem strengen Aufbau ähnelnder Teil der Philosophie, gibt uns Anweisungen darüber, wie allgemeinverbindliche Schlussfolgerungen aussehen müssen, und illustriert diese durch eine Fülle von Beispielen richtiger und falscher Denkprozesse. Das bekannteste Beispiel eines richtigen logischen Schlusses ist das folgende, oft zitierte: ›*Alle Menschen sind sterblich. Sokrates ist ein Mensch. Also ist Sokrates sterblich.*‹ Der Vordersatz, mit dessen Richtigkeit dieser Schluss steht und fällt, ist ein bisher durch kein Gegenbeispiel widerlegter Erfahrungssatz. Seine Aussage, das Sterblichsein, bezieht sich auf alle Menschen, also auf einen genau umrissenen Komplex von Individuen. Die Folgerung, dass auch Sokrates sterblich ist, ist deshalb richtig, weil jede Aussage, die generell für alle Individuen dieses Komplexes gilt, auch für jedes einzelne Individuum spezielle Gültigkeit haben muss.

Dagegen ist folgender Schluss offensichtlich falsch: ›*Alle Nigerianer sind schwarz. Mein Nachbar heißt Schwarz. Also ist mein Nachbar ein Nigerianer*‹. Dieser Schluss enthält sogar zwei Fehler. Er wäre selbst darin noch falsch, wenn der Mittelsatz lauten würde: ›*Mein Nachbar ist schwarz*‹. Denn wenn es auch richtig ist, dass (fast) alle

Nigerianer schwarz sind, wie der Vordersatz aussagt, so beruht ja unsere Schlussfolgerung, dass der schwarze Nachbar ein Nigerianer sei, gar nicht auf diesem Satz, sondern auf seiner Umkehrung: *›Jeder schwarze Mensch ist ein Nigerianer‹*. Diese Umkehrung aber ist nicht erlaubt, da es außer den Nigerianern noch andere Ethnien mit schwarzer Hautfarbe gibt, und die Möglichkeit, dass mein Nachbar einer dieser anderen Rassen angehört, nicht ohne Weiteres ausgeschlossen ist. Geben wir aber dem Mittelsatz die erstere Form: *›Mein Nachbar heißt Schwarz‹*, so begehen wir außerdem noch den schweren Fehler, von dem Namen eines Individuums auf seine Eigenschaften zu schließen.

Nun wird aber von unzulässigen Schlussfolgerungen gerade dieser Art in der Astrologie ausgiebig Gebrauch gemacht, z.B. bei den charakteristischen Eigenschaften und Funktionen, die den Planeten von den Astrologen zugeschrieben werden. Die fünf Planeten, die schon im Altertum bekannt waren (Merkur, Venus, Mars, Jupiter, Saturn), tragen die Namen von fünf Gottheiten der antiken Welt. Es kann gar keinem Zweifel unterliegen, dass diese Planeten ihre Namen auf Grund ihrer äußeren Erscheinung (ihrer Helligkeit, Farbe und Bewegungsart) erhalten haben. *Merkur*, ein sehr beweglicher Planet, der stets in großer Sonnennähe bleibt und sich in raschem Wechsel bald am Morgen-, bald am Abendhimmel zeigt, wurde mit dem Namen des flinken Götterboten und geschäftigen Gottes des Handels ausgezeichnet. *Venus*, der strahlend weiße Abend- und Morgenstern, ein Gestirn von überirdischer Schönheit, als Freund der Liebenden von den Dichtern besungen, verdient wie kein anderes den Namen der Göttin der Schönheit und Liebe. *Mars* ist ein Stern von blutroter

Farbe, der sich bald unscheinbar im Hintergrund verbirgt, bald aber hell und prächtig am Himmel glänzt: welcher Name würde wohl besser zu ihm passen als der des Kriegsgottes, der zu Zeiten Hass und Zwietracht im Verborgenen sät, zu anderen aber weithin sichtbar mit Blut und Feuer die aufgegangene Saat erntet? Ganz anders ist der Eindruck, den der Planet *Jupiter* verbreitet. Mit seinem ruhigen, hellen Licht überstrahlt er alle Sterne des nächtlichen Himmels und durchschreitet den Tierkreis mit gemessener Würde; dass die Alten ihn mit dem Namen des Göttervaters ehrten, bedarf keiner weiteren Begründung. Der fünfte in der Reihe ist *Saturn*. Sein Licht ist von einem etwas düsteren Gelbgrau, und er wandelt langsam wie ein Greis durch den Tierkreis, zu dessen Umrundung er ein volles Menschenalter braucht. Auf ihn passt vorzüglich der Name des finsteren und tückischen Erdgottes, des Vaters der Titanen, der dem Mythos zufolge seine eigenen Kinder frisst, aus Furcht, von ihnen enthront zu werden.

Wir finden nun, dass die Charaktereigenschaften und die Funktionen, die den Planeten von den Astrologen in ihren Deutungsregeln zugeschrieben werden, genau dieser nach offensichtlich ganz unastrologischen Gesichtspunkten erfolgten Namengebung entsprechen. *Mars* und *Saturn*, in der Mythologie gewalttätige und böse Gottheiten, spielen auch in der Astrologie die Rolle von Bösewichtern und Übeltätern, deren Einflüsse je nach ihrer Stellung in den Horoskopen mehr oder weniger störend oder gar verderblich für den Horoskopträger sind. *Jupiter* verleiht seinem Namen zufolge Macht und Ansehen, *Venus* Liebesglück, Schönheit, Kunstsinn und künstlerische Gaben, während *Merkur*, der Gott der Kaufleute, den unter seinem Zeichen Geborenen Glück in merkantilen Unternehmungen verheißt. Der Fehlschluss ist unverkennbar: *›Saturn ist ein böser Gott. Jener Planet heißt Saturn, also ist er ein böser Planet‹.*

Im Altertum, als diese und andere Fehlschüsse den nach geheimnisvollen Zusammenhängen zwischen Weltall und Menschheit suchenden Astrologen unterliefen, dachte man sich dabei noch nichts Arges. Das römische Sprichwort *›Nomina sunt Omina‹*[12], eines der törichtsten Sprichwörter überhaupt, ist ein charakteristisches Beispiel für die abergläubische Einstellung der damaligen Zeit, in der es gang und gäbe war, in den Namen der Personen und Dinge Dokumentationen mystischer Gewalten zu sehen, etwa so, dass in den Namen, mögen sie stammen, woher sie wollen, geheimnisvolle Beziehungen zu den in den Dingen verborgenen dämonischen Urkräften ans Licht treten. In der Tat liefert uns die Kulturgeschichte des Altertums zahlreiche Beispiele für solchen Namenfetischismus.

Die moderne Astrologie weigert sich natürlich, diese Fehlschlüsse zuzugeben. Sie versteckt sich wieder hinter der Behauptung, dass ihre Wissenschaft ja eine Erfahrungswissenschaft sei. Saturn sei nicht seines Namens wegen zum Übeltäter unter den Planeten gestempelt worden, sondern umgekehrt: Die Alten, die durch gründliches Studium und jahrhundertelange Erfahrung die bösartigen Einflüsse dieses Planeten erkannten, hätten ihm deswegen den Namen eines bösen Gottes verliehen. Und ebenso sei es mit den übrigen Planeten gewesen.

---

[12] Namen haben Vorbedeutung

Nun, das klingt ganz verführerisch und würde sicher auch auf den an kritisches Denken gewöhnten Wissenschaftler Eindruck machen, wenn die Astrologen für diese Behauptung auch nur die Spur eines Beweises erbringen könnten. Davon aber kann keine Rede sein. Außerdem haben wir bereits gezeigt, dass sich die Namen der Planeten ganz zwanglos aus ihrem typischen astronomischen Verhalten und ihrem äußeren Anblick erklären lassen, so dass es gänzlich überflüssig ist, für die Entstehung dieser Namen andere, unbewiesene und unbeweisbare, Hypothesen heranzuziehen. Wem aber auch das noch nicht genügt, um sich von dem hier in Erscheinung tretenden Namenkult überzeugen zu lassen, dem sei empfohlen zu verfolgen, wie sich die astrologischen Erfahrungswissenschaftler mit dem Auftauchen der in neuerer Zeit entdeckten drei Planeten *Uranus*, *Neptun* und *Pluto*[13] abgefunden haben.

Hier liegt nun alles so deutlich und klar zutage, dass kein Verstecken hinter unkontrollierbare historische Behauptungen mehr hilft. Im Jahre 1781 wurde von Friedrich Wilhelm Herschel ein neuer Planet aufgefunden. Herschel, ein deutscher Musiker, der in jungen Jahren nach England auswanderte und dort aus Liebhaberei mit selbstgebauten großen Spiegelfernrohren sehr erfolgreich den Himmel beobachtete, fand für seine Forschungen verständnisvolle Unterstützung bei Georg III., dem König von England. Aus Dankbarkeit schlug er vor, den neu entdeckten Planeten nach seinem königlichen Gönner ›*The Georgian*‹ (Georgsstern) zu nennen. Die englischen Astronomen

---

[13] Anm. d. Herausgebers: Im August 2006 wurde Pluto von der Internationalen Astronomischen Union (IAU) als Kleinplanet mit der Nummer 134340 eingestuft.

dagegen befürworteten, ihrem erfolgreichen Kollegen zu Ehren, den Namen ›Herschel‹, der auch heute in England zuweilen noch gebraucht wird. Beide Namen aber haben sich nicht allgemein durchsetzen können, da die Astronomen der übrigen Welt es mit Recht für zweckmäßiger hielten, das neue Mitglied des Planetensystems ebenso wie die fünf alten mit dem Namen eines Gottes aus der antiken Mythologie auszuzeichnen. Man einigte sich bald auf ›Uranus‹, den Gott des Himmels und der Naturkräfte, den Vater des *Saturn*. Hier ist also der Ursprung des Namens unzweifelhaft: Er ist weder auf irgendwelche äußeren Merkmale noch auf astrologische Erfahrungen zurückzuführen, sondern wurde dem neuen Planeten durch internationale Vereinbarungen von Astronomen verliehen, die damals schon eindeutig von der Astrologie abgerückt waren. Was aber taten nun die Astrologen? Man hätte denken sollen, dass sie nun als ›Erfahrungswissenschaftler‹ eifrig Beobachtungen über die astrologischen Einflüsse dieses Gestirns sammeln würden, um auf Grund der so gewonnenen Erfahrung durch sorgfältige Analyse die noch unbekannten Eigenschaften und Funktionen des Planeten aufzudecken. Dieses Verfahren hätte allerdings viel Zeit und Geduld erfordert, denn *Uranus* braucht 84 Jahre, um nur einmal alle Zeichen des Tierkreises[14] zu durchwandern. Jeder, der sich auch nur oberflächlich mit den Grundsätzen der Erfahrungswissenschaften

---

[14] Ein Umlauf durch den Tierkreis wäre nötig, um das Verhalten der Planeten in jedem der zwölf Tierkreiszeichen zu beobachten. Der zweite Umlauf müsste dem Nachweis dienen, dass die gefundenen Gesetzmäßigkeiten sich bewähren. Mindestens ein weiterer Umlauf wäre dann noch zur Kontrolle notwendig.

beschäftigt hat, wird sich klar darüber sein, dass mehrere (mindestens drei!) Umläufe des Planeten genau studiert werden müssten, um derartige Einflüsse (wenn es solche geben sollte) mit einem Minimum an Sicherheit festzustellen.

Nun sind seit der Entdeckung nur wenig mehr als zwei Umläufe des Uranus vollendet; die Untersuchung müsste also noch in vollem Gange sein. Man sollte also meinen, dass sich in den Büros der Astrologen die Listen häufen, um von geschulten Statistikern durchsiebt zu werden, dass in den Zeitschriften der Astrologen fortlaufend von dem Fortgang dieser Untersuchungen berichtet wird, dass Vermutungen geäußert und dass Theorien aufgestellt werden, die ihrer Bestätigung oder Nichtbestätigung durch weitere Beobachtungen harren. Nichts von alledem. Die Astrologen wissen längst, was es mit diesem Planeten auf sich hat. Er *heißt* ja Uranus wie der Gott des Himmels und der Natur. Niemand kann daher zweifeln, dass er die Kräfte der Natur beherrscht und durch sie auf den Menschen wirkt, dass er Unvorhergesehenes schafft (Katastrophen, Unglücksfälle aller Art) und schließlich auch im Reiche des Übersinnlichen eine Rolle spielt!

Eine kleine Anekdote möge diese erstaunliche Feststellung illustrieren: Der Verfasser dieser Zeilen kannte vor Jahren einen Astrologen, einen sonst sehr gescheiten Mann, der aber dem Glauben an die schicksalsbestimmende Kraft der Gestirne unrettbar verfallen war und in allen Lebenslagen sein Horoskop zu Rate zog. Eines Tages äußerte er, dass an einem bestimmten Datum der Uranus in seinem Horoskop eine unheilvolle Stellung einnehmen würde, und dass ihm daher Gefahren durch irgendwelche Naturgewalten

(Unwetter, Blitzschlag, ja auch Verkehrsunfälle kämen da in Frage) bevorstünden. Als man ihn später fragte, wie er den gefährlichen Tag denn überstanden hätte, antwortete er nicht ohne Befriedigung: *»Ja, sehen Sie, an jenem Tage sind doch in meiner Wohnung die Sicherungen durchgebrannt!«*

Es gibt sicher viele Astrologen, die in diesem Vorfall allen Ernstes eine neue Bestätigung für die Richtigkeit ihres Glaubens sehen werden. Für den unvoreingenommenen Kritiker hat aber die logische Kette, die hier sichtbar wird, einige falsche Glieder: Der Planet heißt *Uranus*[15] und ist der Gott der Naturkräfte, insbesondere also auch der Elektrizität (obwohl diese Naturkraft zur Zeit der antiken Götter noch unbekannt war). Infolge dieser Zusammenhänge ist es den Denkgesetzen der Astrologen zufolge völlig einleuchtend, dass der ungünstige Aspekt des *Uranus* im Horoskop des Herrn X die unmittelbare Ursache jenes Vorgangs in der elektrischen Anlage seiner Wohnung gewesen ist, der an anderen Stellen täglich und tausendfach auch ohne die bösartige Wirkung dieses Planeten passiert.

Aber es kommt noch besser: Im Jahre 1846 wurde ein weiterer großer Planet aufgefunden, der mit einer Umlaufzeit von 165 Jahren noch weit außerhalb der Uranusbahn um die Sonne kreist. Dieser Planet hat vom Tage seiner Entdeckung an bis heute noch keinen vollen Umlauf durch den Tierkreis zurückgelegt, es kann also noch gar keine Rede davon sein, dass etwaige astrologische Einflüsse dieses Himmelskörpers erfahrungsmäßig einwandfrei festgestellt werden konnten.

---

[15] Er hätte ebenso gut anders heißen können, denn den Astronomen von 1781 standen ja noch eine Unmenge anderer mythologischer Namen zur Auswahl, als sie sich auf diesen Namen einigten.

Aber auch hier hat den Astrologen jene Zeit und Geduld gefehlt, die nun einmal erforderlich ist, wenn man Erfahrungswissenschaft treiben will. Die Astronomen nannten den siebenten (oder wenn man die Erde mitrechnet, den achten) Planeten *Neptun* nach dem Gott der Meere, Flüsse, Seen und anderer Gewässer. Nun war nach Ansicht der Astrologen alles klar: Der Planet *Neptun* wird zum Beherrscher des Tierkreiszeichens der Fische[16] ernannt, er hat besondere Beziehungen zum Wasser und zu allem Nassen. Namhafte Astrologen (Oskar H. A. Schmitz, Franz Schwab) haben den Untergang der Titanic (1912) und die Flottenpolitik des letzten deutschen Kaisers allen Ernstes dem Neptun in die Schuhe geschoben. Der Kapitän des verunglückten Schiffes hatte (nach Schmitz) in seinem Horoskop den Neptun im ›*Hause des Todes*‹; im Horoskop Wilhelms II. hatte (nach Schwab) Neptun eine beherrschende Stellung[17].

Ganz ähnlich verhalten sich die Astrologen gegenüber dem 1930 entdeckten Planeten *Pluto*[18], dessen Umlaufszeit 248 Jahre beträgt.

Hier kann nun von irgendwelchen Erfahrungen überhaupt noch keine Rede sein, da der Planet erst während eines Zehntels seiner Umlaufsbewegung beobachtet werden konnte. Was den Namen anbelangt, so wurde er schon lange vor seiner Entdeckung für ihn bereitgehalten. Man vermutete die Existenz eines ›*trans-*

---

[16] Jedem Planeten gebührt im Lehrsystem der Astrologie ein Zeichen, in dem er *zuhause* ist und seine guten oder bösen Einflüsse mit besonderer Wirksamkeit ausüben kann

[17] Siehe L. Reiners ›*Steht es in den Sternen?*‹, München 1951

[18] Anm. d. Herausgebers: Seit 2006 gehört Pluto zu den ›Kleinplaneten‹

neptunischen Planeten‹ schon geraume Zeit und dachte ihm den Namen *Plutos*, des Gottes der Unterwelt und Fürsten der Hölle, schon immer zu. Dieser Name ist also bestimmt ganz willkürlich und ohne jeden Bezug auf irgendwelche charakteristische Eigenschaften des Planeten festgesetzt worden, denn er wurde erfunden, als es noch ganz ungewiss war, ob der Planet überhaupt existierte. Die Astrologen aber haben sich, allen diesen Tatsachen zum Trotz, des Namens Pluto umgehend bemächtigt, um dem Planeten noch schlimmere Eigenschaften und Wirkungen als dem Saturn zuzuschreiben, wie es dem Beherrscher der unterirdischen Mächte und der Hölle zukommt (Erdbeben, Atombombe usw.!).

Die Aufdeckung dieses kindischen Namenskultes, der von den Astrologen zum Teil ganz offen betrieben wird, sollte eigentlich allein schon genügen, um jeden denkenden Menschen von der Unwissenschaftlichkeit der ›*wissenschaftlichen*‹ Astrologie zu überzeugen. Ein Lehrgebäude, das an entscheidenden Stellen Denkfehler von der Art und Schwere der oben aufgezeigten enthält, ist unbedingt falsch.

6. Kapitel

Das intuitive Moment im wissenschaftlichen und pseudowissenschaftlichen Denken

Wir haben schon bemerkt, dass – wenn wir den Verdacht betrügerischer Willkür einmal beiseite lassen – für die Entstehung der astrologischen Deutungsregeln außer der nun sehr fragwürdig gewordenen Erklärung durch wissenschaftliche Erfahrung eigentlich nur noch die durch Inspiration übrig bleibt. Zweifellos war eine solche Erklärung im Altertum noch durchaus befriedigend. Die Priesterschaft, die nebenbei Sternkunde und Sterndeutung betrieb, wurde ja vom Volke als Vermittler zwischen Göttern und Menschen angesehen, sie leitete ihre Kunst, Orakel zu verkünden, unmittelbar aus der Zwiesprache mit den Göttern ab, und es wurde daher nirgends in Zweifel gezogen, dass sie die Fähigkeit, in den Sternen das Schicksal zu lesen, ursprünglich durch göttliche Inspiration erworben hatten. Der Glaube des Volkes an die Herkunft sterndeuterischer Rezepte aus unmittelbaren Einsichten in verborgene Weltgeheimnisse, die besonders begnadeten Personen zuteil wurden, war zu jener Zeit nichts Außergewöhnliches. Auch die Geschichte von den zehn Geboten, die Moses auf dem Berge Sinai von Gott selbst entgegennimmt, gehört im Grunde zu derselben Kategorie von Beispielen dafür, dass Wahrheiten gelegentlich nicht durch Erfahrung, sondern durch Intuition, durch Eingebung offenbar werden.

Um auch dem modernen Menschen, der im allgemeinen mystischen Erklärungsversuchen skeptisch gegenübersteht, den Gedanken schmackhaft zu machen, dass auch die Weisheiten der alten Astrologen, wenn schon nicht aus der Erfahrung, so doch aus gewissen gefühlsmäßigen Einsichten naturverbundener Völker der Vorzeit stammen könnten, wird gerne darauf hingewiesen, dass ja auch in der Geschichte der modernen Wissenschaft Beispiele für das spontane Auftauchen neuer und fruchtbarer Ideen durch Erleuchtung nicht selten sind. Wir dürfen an dieser Erscheinung nicht vorübergehen, wenn wir uns darüber klar werden wollen, was es hiermit im Falle der Astrologie auf sich hat.

Es ist gut, zunächst einmal zwei charakteristische und den Kern der Sache treffende Beispiele herauszugreifen, die uns zeigen sollen, welche Rolle die Intuition bei der Entstehung wissenschaftlich bedeutsamer Ideen wie auch verhängnisvoller Irrtümer spielen kann. Das erste Beispiel betrifft die Entdeckung des Gravitationsgesetzes durch Isaak Newton, das zweite die Entstehung der pseudowissenschaftlichen ›Welteislehre‹ von Hanns Hörbiger.

Die folgende Geschichte, die man sich von Newton erzählt, ist höchstwahrsdieinlich eine Legende wie viele Anekdoten, mit denen die Nachwelt das Leben großer Männer auszuschmücken pflegt. Aber wenn sie auch nicht wahr ist, so ist sie doch gut erfunden und gibt in bildhafter Umschreibung die geistige Situation getreu wieder, aus der heraus ein großer Gedanke geboren wurde, der ungeheuer fruchtbar für die Entwicklung der Naturwissenschaften in zwei Jahrhunderten gewesen ist. Newton habe, so berichtet diese Geschichte, als 24jähriger Jüngling vor seinem Hause gesessen, in grüblerische Gedanken vertieft über das Wesen der rätselhaften Kraft, die den Mond in seiner ständig kreisenden Bewegung um die Erde festhält, während er, dem von Galilei gefundenen Gesetz der Trägheit zufolge, eigentlich geradlinig durch den Raum eilen müsste. Da sei, so berichtet man weiter, von einem Apfelbaum, den der Sinnende betrachtete, eine reife Frucht zur Erde gefallen, und in diesem Augenblick sei in Newton plötzlich wie durch Erleuchtung der erlösende Gedanke entstanden: Die gesuchte Kraft, die den enteilenden Mond immer wieder zur Erde hinzieht und ihn so in seine Bahn zwingt, ist dieselbe, die den Apfel auf die Erde fallen lässt. Der Mond, der infolge der Trägheit in den Weltenraum entweichen müsste, kann dies nicht tun, weil er gleichzeitig, ebenso wie der fallende Apfel, durch die Schwerkraft der Erde angezogen wird.

Das Interessanteste an dieser Geschichte ist, dass sie im Jahre 1667 spielt, ganze zwanzig Jahre vor dem Zeitpunkt, an dem Newton das endgültige Ergebnis dieser Eingebung, sein berühmtes Werk über die *Mathematischen Grundlagen der Naturlehre* der Offentlichkeit übergab. Was in diesen zwanzig Jahren geschah, ist eines der klassischen Musterbeispiele für die vorsichtige und verantwortungsbewusste Art, mit der der echte Wissenschaftler einen wissenschaftlichen Gedanken in sich verarbeitet und ausreifen lässt, bevor er eine Theorie auf ihm aufbaut.

Newton überlegte zunächst so:

1. Wenn es wahr ist, dass der Mond der irdischen Schwerkraft unterliegt, so muss diese in der Mondentfernung genau der Zentrifugalkraft die Waage halten, die bei seinem Herumwirbeln um die Erde infolge der Trägheit seiner Masse entsteht. Denn wäre die

Zentrifugalkraft größer als die Anziehungskraft, so würde der Mond von der Erde fortgeschleudert werden wie ein Stein, den man an einem Faden herumschwenkt, ohne ihn mit genügender Kraft festzuhalten. Wäre andererseits die Anziehungskraft stärker als die Zentrifugalkraft, so müsste der Mond auf die Erde fallen, genau wie der Apfel vom Baume fällt, wenn der Stängel am Zweig nicht mehr genügend festsitzt.

2. Man kann die Zentrifugalkraft, die der Mond erleidet, aus seiner Entfernung von der Erde und seiner Umlaufszeit berechnen und weiß dann, dass die Wirkung der Schwerkraft (die Richtigkeit dieser Theorie vorausgesetzt) genau die gleiche Größe haben muss. Hier liegt nun eine Schwierigkeit versteckt, die noch zu überwinden ist. Die Größe der Schwerkraft, die alle irdischen Körper nach unten, d. h. in Richtung auf den Erdmittelpunkt zu, fallen lässt, ist aus den schon von Galilei untersuchten Gesetzen des freien Falls bekannt. Sie gilt aber nur dort, wo sie beobachtet wurde, nämlich an der Erdoberfläche. Wie groß die Schwerkraft in jener Höhe ist, in der der Mond seine Bahn zieht, wusste Newton nicht. Er nahm aber als plausible Hypothese an, dass die Wirkung einer solchen von einer punktförmigen Quelle (dem Erdmittelpunkt) ausstrahlenden Kraft mit dem Abstand von der Quelle abnimmt, und zwar höchstwahrscheinlich nach demselben Gesetz, mit dem die Helligkeit einer Lichtquelle abnimmt, wenn man sich von ihr entfernt. Diese Abnahme geschieht aber stets mit dem *Quadrat des Abstandes.* Da nun der Mond rund sechzigmal weiter vom Erdmittelpunkt entfernt ist als die Erdoberfläche, so müsste folgen, dass die Schwerkraft in der Mondentfernung $60 \times 60 = 3600$ mal schwächer ist als die Schwerkraft an der Oberfläche

der Erde.

Nun konnte man rechnen, um die Richtigkeit der hier aufgestellten Theorie zahlenmäßig nachzuprüfen. Newton tat dies und fand, dass die Rechnung zwar *ungefähr*, aber noch nicht *so genau* stimmte, wie er erwartet hatte. Das genügte für den vorsichtigen Mann, unter Verzicht auf billigen Ruhm, den ihm die Veröffentlichung des unfertigen Ergebnisses sicher schon damals eingebracht hätte, seine Resultate beiseite zu legen und die Klärung der noch bestehenden Differenzen der Zeit zu überlassen. In seiner Rechnung gab es nämlich noch eine unsichere Größe: Den Wert für den Halbmesser der Erde, der zwar aus geodätischen Messungen in den ersten Jahrzehnten des siebzehnten Jahrhunderts schon recht gut, aber doch noch nicht mit jener Genauigkeit bekannt war, die Newton brauchte, um die Richtigkeit seiner Schwerkraftstheorie exakt beweisen zu können. Nun wurden aber bald nachher, nämlich in den siebziger und achtziger Jahren jenes Jahrhunderts, neue und sehr sorgfältige Erdvermessungsarbeiten in Frankreich durchgeführt, bei denen auch neue, mit guten Messfernrohren ausgestattete Instrumente (Theodolithen) verwendet wurden, und deren Ergebnisse daher weit größeres Vertrauen verdienten als die älteren, noch mit primitiveren Geräten durchgeführten Bestimmungen der Größenverhältnisse unseres Planeten. Als die neuen Werte für den Halbmesser der Erde bekannt geworden waren, wiederholte Newton seine Rechnung, und nun stimmte sie genau. So kam es, dass die Newtonsche Gravitationstheorie, als vage Hypothese in einem Augenblicke der Erleuchtung im Geiste eines genialen Forschers entstanden, erst zwanzig Jahre später, nach gründlicher und peinlicher

Überprüfung, als sicheres Fundament der gesamten irdischen und himmlischen Mechanik in Erschenung treten konnte.

Seit diesen Ereignissen waren mehr als zweihundert Jahre vergangen, als sich in einer Septembernacht des Jahres 1894 dem damals 34jährigen Ingenieur Hörbiger beim Betrachten des Mondes im Fernrohr *»plötzlich die Runen des Mondantlitzes offenbarten«*. So schildert diesen denkwürdigen Augenblick der Liebhaberastronom Philipp Fauth[19] in seinem Vorwort zu dem dickleibigen Werk Hörbigers über die ›*Welteislehre*‹. In dieser Nacht wurde, so fährt er fort, *»fast unbewusst die folgenschwere Entdeckung gemacht«*, die später[20] Hörbiger selbst mit den Worten umreißt: *»Der Mond zeigt nicht etwa nur Spuren von Schnee, sondern ist über und über mit Eis bedeckt; ... das ist so klar und deutlich aus dem Fernrohranblick des Vollmondes zu lesen, dass eigentlich nur die Mahnung übrig bleibt: Gehet hin und sehet selbst!«*

Auch hier also haben wir es mit einer wissenschaftlichen Idee zu tun, die in einem Augenblick der Erleuchtung meteorhaft auftaucht und – ebenfalls in einem Zeitraum von rund zwanzig Jahren – zu einer umfassenden wissenschaftlichen Theorie ausgebaut wird. Der unbefangene Leser, der soeben einige Einblicke in die Entdeckungsgeschichte des Gravitationsgesetzes getan hat, könnte nun vermuten, dass Hörbiger bei der Ausgestaltung seiner Welteislehre ähnlich vorgegangen sei wie vormals Newton: Dass er sich zunächst von der vollkommenen Übereinstimmung

---

[19] der durch ausgezeichnete Mondbeobachtungen bekannt wurde
[20] Seite 39 dieses 1913 erschienenen Buchs

seiner Ausgangshypothese vom ›Mondeis‹ mit den bereits vorliegenden Beobachtungsergebnissen überzeugt und dann Schritt für Schritt – immer genau die logische Berechtigung seiner Schlussfolgerungen und die Verträglichkeit seiner Ergebnisse mit der Erfahrung prüfend – jenes Lehrgebäude errichtet habe, in dem das Eis als Weltenbaustoff eine so überragende Rolle spielt.

Das aber hat Hörbiger keineswegs getan. Wenn er gewissenhaft geprüft hätte, ob seine visionär erschaute These von der Eisoberfläche des Mondes mit den bis dahin vorliegenden Beobachtungen vereinbar sei, hätte er leicht das Gegenteil feststellen können, denn es war schon um die letzte Jahrhundertwende wohlbekannt, dass die Eigenschaften des reflektierten Mondlichtes wohl mit den Reflektionseigenschaften vulkanischer Gesteine, nicht aber mit denen von Schnee oder Eis verträglich sind. Statt aus diesem Widerspruch die Lehre zu ziehen, dass seine Ausgangshypothese falsch war, begnügte er sich damit, die von ihm offensichtlich völlig missverstandenen Äußerungen der Astronomen über diesen Punkt ins Lächerliche zu ziehen und über sie hinwegzugehen. Fasziniert von seiner Idee machte er diese zur Grundlage einer Theorie, mit der er nicht nur den Bau des Weltalls und seine Entstehung neu erklären wollte, sondern die er auch noch zur Lösung geologischer und meteorologischer Probleme heranzog, in dem Wunsch, ein universelles und einheitliches Weltbild zu schaffen, in dem es praktisch keine ungelösten Rätsel mehr gäbe. So entstand nun ein mit wenig Sachkenntnis und viel Selbstüberschätzung zusammengeschustertes Schema, und alle Erfahrungstatsachen (soweit sie dem Urheber dieser Theorie überhaupt bekannt waren) wurden rücksichtslos verbogen, um sie in die Enge dieses

Schemas hineinzuzwängen. Auch die vorsichtige Zurückhaltung, die Newton übte, bevor er die letzten Widersprüche zwischen seiner Hypothese und der Wirklichkeit beseitigt hatte, war Hörbiger fremd. Er beklagt sich in seinem Buche bitter über den Mangel an Verständnis für seine Ideen, den er in den zwei Jahrzehnten zwischen ihrer Geburt und dem Erscheinen des fertigen Werkes von seiten der zünftigen Wissenschaft erfahren hätte. Er hat also auch in der Zwischenzeit fortlaufend versucht, seine Theorie an den Mann zu bringen und dabei das Schicksal so vieler Pseudowissenschaftler erfahren, die über die Ablehnung ihrer meist sehr naiven und unreifen Arbeiten durch sachverständige Kritiker empört sind und den Grund dieser Ablehnung in der Uninteressiertheit, Sturheit und Böswilligkeit einer überalterten und verkalkten Schulwissenschaft, nicht aber in der Unzulänglichkeit ihrer eigenen Geistesprodukte sehen.

Nun, die großen Fortschritte der astrophysikalischen Forschung seit Beginn des zwanzigsten Jahrhunderts, denen wir tiefe Einsichten in das Wesen und den Aufbau der Gestirne und in ihre mutmaßliche Entwicklung verdanken, haben die Welteislehre so gründlich widerlegt, dass diese heute als praktisch erledigt angesehen werden darf. Immerhin hat die Welteislehre eine Zeit lang in der Öffentlichkeit eine gewisse nicht ganz unbedeutende Rolle gespielt, ähnlich wie es die ihr in mancher Hinsicht geistesverwandte Astrologie noch heute tut, und die Beschäftigung mit dem einen dieser beiden Phänomene kann daher manches enthüllen, was auch für das Verständnis des anderen nützlich ist. Wir haben schon gesehen, dass die Grundelemente der Astrologie ihrer Natur nach gar nicht aus der Erfahrung stammen können, und dass man daher annehmen muss (wenn man die Möglichkeit eines bewussten Betruges ausschließt), dass sie zu irgendeiner vorgeschichtlichen Zeit intuitiv im Geiste ihrer uns unbekannten Urheber aufgetaucht sind. Dass aus solchen Eingebungen auch fruchtbare wissenschaftliche Erkenntnis hervorgehen kann, lehrt uns das Beispiel Newton, das nur eines von vielen anderen ist. Alle diese Beispiele zeigen, dass in der echten Wissenschaft intuitiv entstandene Ideen gerade so lange und nur so lange gelten, als sie mit allen bis dahin gemachten Erfahrungen verträglich sind. Die Pseudowissenschaften und den mit ihnen geistesverwandten Aberglauben aber erkennt man daran, dass der aus einer Eingebung geborene Gedanke ohne Rücksicht auf Logik und Erfahrung in die Dinge *hineingedacht* wird, dass die Dinge so gesehen werden, wie sie gesehen werden *wollen*, und dass alles, was in das einmal vorgefasste Schema nicht hineinpasst, kurzerhand ignoriert wird. Dass dies Letztere auch für die Astrologie zutrifft, werden wir im Folgenden noch an verschiedenen Kennzeichen und Auswirkungen dieser Lehre erkennen.

7. Kapitel

Die demokratische Verfassung der Wissenschaft

Einerlei ob Pseudowissenschaften, wie die Astrologie, hartnäckig Jahrhunderte überdauern und immer wieder aufleben, auch wenn sie lange totgesagt worden sind, oder ob es sich um vorübergehende Erscheinungen handelt, wie die Welteislehre, immer stehen sie in bewusstem Gegensatz zur Wissenschaft selbst und bilden in manchen Zeiten für das Ansehen der letzteren eine gewisse Gefahr. Da nämlich die Pseudowissenschaftler ihre Ideen, Theorien und Weltbilder von der Schulwissenschaft verworfen sehen, lassen sie keine Gelegenheit vorübergehen, die Wissenschaftler und ihre Lehren in den Augen der Öffentlichkeit herabzusetzen. Das gelingt ihnen auch nur zu oft in den Kreisen der wissenschaftlichen Laien, die beileibe nicht mit der großen Masse der ungebildeten und daher kritikunfähigen Zeitgenossen verwechselt werden dürfen. So setzte sich z.B. die Anhängerschaft der Welteislehre zu einem überwiegenden Teil aus Leuten zusammen, die über eine gute Allgemeinbildung verfügten, deren zweifellos vorhandenes Fachwissen sich aber nicht gerade auf Astronomie bezog, also aus Ingenieuren, Technikern, Lehrern, Geistlichen, Ärzten und den Vertretern vieler anderer gehobener Berufe, die sich für astronomische und kosmologische Fragen lebhaft interessierten, ohne jedoch auf diesen Gebieten mehr als ein oberflächliches, aus populären Büchern oder Abhandlungen zusammengelesenes Wissen zu besitzen. Es ist immer verhältnismäßig einfach, ein solches Publikum aus interessierten Laien für ein System zu gewinnen, das ohne tiefgründige, nur durch hartes Studium zu erlangende Kenntnisse (z.B. auf dem Gebiete der höheren Mathematik) zu erfordern, eine leichtverständliche Antwort auf Fragen erteilt, die von der Schulwissenschaft nicht beantwortet werden, oder über deren Beantwortung verschiedene wissenschaftliche Lehrmeinungen sich noch streiten.

In diesem Zusammenhang wird der *Schulwissenschaft* sehr häufig der schwere Vorwurf gemacht, dass sie auf dogmatischen Glaubenssätzen beruhe, die durch die Autorität einer Schule festgesetzt worden seien. Gegen solche zum Dogma erhobenen Lehrmeinungen würde, so argumentiert man weiter, kein Widerspruch geduldet, und jeder, der ihnen eine eigene abweichende Meinung entgegenzusetzen wage, würde (wie ja die Beispiele Hörbiger, Lang und der Fall Astrologie zeigen) entweder totgeschwiegen, lächerlich gemacht oder erbittert bekämpft.

Wie steht es hiermit in Wirklichkeit? Natürlich gibt es in jeder exakten Wissenschaft, so auch in der Astronomie, einen mehr oder weniger umfangreichen Bestand an *Wahrheiten*, an denen nicht mehr gerüttelt wird, da angesichts einer Fülle von Erfahrungstatsachen ein Zweifel an ihnen nicht mehr möglich ist. Aber dieser Schatz an Wahrheiten ist keineswegs ein Dogma, das man nun den Jüngern der Wissenschaft eintrichtert, und das geschluckt werden muss, weil die Autorität der Lehrer es so verlangt. Im Gegenteil hat jeder, der die Schule einer exakten Wissenschaft durchmacht, sei es der Mathematik, Astronomie, Physik oder einer anderen Gelegenheit, sich von der Richtigkeit ihrer Lehrsätze durch eigenes Nachdenken und durch eigene Beobachtung zu überzeugen. Freilich erfordert das unter Umständen sehr viel Zeit und Mühe. Wer z.B. das Gebäude der modernen Astronomie von seinen Fundamenten aufwärts auf Festigkeit und Stichhaltigkeit prüfen will, wer nicht alles, was gelehrt wird, unbesehen glauben, sondern auch einsehen will, der muss nicht nur durch eine gute Schulbildung die geistige Grundlage und die Fähigkeit zum exakten wissenschaftlichen Denken mitbringen, sondern im allgemeinen auch ein jahrelanges Fachstudium auf sich nehmen, das nicht nur die eigentliche Astronomie, sondern auch eine Reihe von Hilfswissenschaften wie Mathematik und Physik umfasst. Anderenfalls bleibt ihm nichts anderes übrig, als der Einsicht und der Zuverlässigkeit jener zu vertrauen, die diese Mühe auf sich genommen haben.

Das schließt natürlich nicht aus, dass auch Außenseiter und Autodidakten der Astronomie gelegentlich große Dienste erweisen. Aus der Blütezeit der klassischen Astronomie sind die Namen Olbers und Bessel leuchtende Beispiele dafür. Wilhelm Olbers (1758-1840), ein Bremer Arzt und Liebhaberastronom, war nicht nur als Beobachter erfolgreich. Er entdeckte sechs Kometen und die Planetoiden *Pallas* und *Vesta*. Er verstand es auch, ihre Bahnen zu berechnen und entwickelte eine einfache und elegante Methode zur Bestimmung parabolischer Kometenbahnen aus wenigen Beobachtungen, die mit geringen Abänderungen noch heute in der praktischen Astronomie verwendet wird. Der in Minden geborene 26 Jahre jüngere Friedrich W. Bessel (1784-1846), ursprünglich Lehrling in einem Bremer Handelshaus, entwickelte sich – durch Olbers gefördert – auf Grund eifrigen Selbststudiums zu einem der größten und genialsten

Mathematiker und Astronomen seiner Zeit. Mit 26 Jahren wurde dieser Autodidakt Direktor der 1810 neugegründeten Sternwarte in Königsberg und Professor für Astronomie an der dortigen Universität. Diese Fälle sind zwar Ausnahmen, aber durchaus nicht selten. Auch in der Physik gibt es Namen von Außenseitern, die wie leuchtende Sterne am Himmel der Wissenschaft glänzen: Wir erinnern nur an Joseph Fraunhofer, der ursprünglich Optiker und Feinmechaniker war und es auf Grund zahlreicher Entdeckungen auf dem Gebiete der theoretischen und praktischen Optik zum Professor der Physik in München brachte. Dass auch noch heutzutage dem erfolgreichen Außenseiter der Weg auf die Thronsessel der Wissenschaft nicht verschlossen ist, zeigt der amerikanische Nebelforscher Edwin Hubble, der erst auf dem Umwege über den Boxsport und die Juristerei zur Astronomie kam, und dem wir viele unserer heutigen Kenntnisse über die Welt der Spiralnebel verdanken. Alle diese Außenseiter gehören zu jenen begnadeten Geistern, wie sie jedes Jahrhundert hier und da hervorbringt. Aber sie konnten Schöpferisches nur leisten, weil sie auf dem festen Grunde der durch Beobachtung und Erfahrung gewonnenen Erkenntnisse standen und sich den strengen Gesetzen des wissenschaftlichen Denkens unterwarfen.

Zur Zeit Keplers, Galileis und Newtons, ja sogar noch zu Beginn des neunzehnten Jahrhunderts, als Laplace seine berühmte ›Mechanik des Himmels‹ schrieb, hat es noch universelle Geister gegeben, die auf dem gesamten Gebiet der exakten Naturwissenschaften und der Mathematik zu Hause waren. Heute ist das nicht mehr möglich, weil schon der Umfang einer einzigen dieser Wissenschaften, etwa der Astronomie, so groß geworden ist, dass seine völlige Beherrschung die Kraft eines einzelnen übersteigt. Jeder Wissenschaftler ist heute mehr oder weniger Spezialist auf einem beschränkten Gebiet, dem er seine Lebensarbeit widmet. Hier übersieht er die Dinge bis in Einzelheiten und ist daher auch in der Lage, schöpferische Arbeit zu leisten, während er die Nachbargebiete nur in großen Zügen kennt und überschaut. Da nun aber alle diese Einzelgebiete mehr oder weniger eng verzahnt sind und Teile eines mehr oder weniger zusammenhängenden Ganzen bilden, ist auch der Spezialist genötigt, sich auf die Arbeitsergebnisse anderer Forscher zu stützen, die im Detail nachzukontrollieren ihm vielfach Zeit und praktische Möglichkeit fehlt.

Die Zusammenarbeit der auf benachbarten Spezialgebieten tätigen Forscher, die zu einem gedeihlichen Fortschritt der Gesamtwissenschaft unentbehrlich ist, gründet sich also mit zunehmender Spezialisierung der Fachgebiete in wachsendem Maße auf Vertrauen. Dafür, dass dieses Vertrauen nicht missbraucht wird und die gegenseitige Verlässlichkeit nicht in blinden Autoritätsglauben ausartet, sorgt die Wissenschaft selbst. Die echte Wissenschaft nämlich ist eine durch und durch demokratische Einrichtung, die – wir haben das alle selbst erfahren – sogar in Zeiten autoritärer politischer Systeme der Gefahr autoritativer Dogmenbildung widerstanden hat. Jeder, der die Ergebnisse einer neuen wissenschaftlichen Meinungsbildung anzweifelt, hat die Möglichkeit, sie nachzuprüfen, sofern er über die dazu nötigen Vorkenntnisse und Hilfsmittel verfügt. Da es aber bei der weltweiten Verbreitung wissenschaftlichen Gedankengutes und bei der großen

Zahl kritischer Beobachter auf jedem Spezialgebiet kaum möglich ist, dass eine Unstimmigkeit oder ein Fehlschluss lange übersehen wird, so besagt die eben gemachte Einschränkung nicht viel. Wo immer ein wissenschaftliches Resultat Fehler enthält, wird die Kritik nicht lange auf sich warten lassen und in den meisten Fällen auch den Urheber des Fehlers überzeugen und ihn veranlassen, seine Aussage richtigzustellen. Die Wissenschaft übt eine strenge Kontrolle über sich selbst aus, und auf dieser Selbstaufsicht beruht ihre Vertrauenswürdigkeit. Die Wissenschaftler bilden eine weltweite Gemeinschaft, deren Aufgabe es ist, der Wahrheit und nur der Wahrheit zu dienen, nicht aber Gralshüterin einer der Kritik unzugänglichen Geheimlehre zu sein.

Dabei darf aber nicht übersehen werden, dass gelegentlich Anschauungen, die lange Zeiten hindurch als Wahrheit gegolten haben, eines Tages als irrig oder unvollständig erkannt und darum verworfen werden. Wir wiederholen: Eine absolute Wahrheit gibt es nicht. Wahrheit bezieht sich immer nur auf denjenigen Ausschnitt der Wirklichkeit, den wir mit unseren unvollkommenen Sinnen und mit unserer unzulänglichen Erfahrung überschauen können. Jede neue Beobachtung, jede Erweiterung der Erfahrung kann uns dazu zwingen zu ergänzen, zu verwandeln und möglicherweise ganz aufzugeben, was wir bis dahin mit Recht als Wahrheit ansehen durften.

Die Geschichte der Wissenschaften ist reich an Beispielen für solche Umwandlungen ihres Bestandes an Wahrheiten. Man braucht nur an die gründliche und folgenreiche Umformung des astronomischen Weltbildes zu denken, die vor mehr als 400 Jahren durch

Kopernikus hervorgerufen wurde. Hierüber herrscht nun vielfach eine unrichtige Auffassung, etwa die, dass durch Kopernikus die ganze antike Astronomie über den Haufen geworfen sei, dass man alles, was bis dahin geleistet worden war, hätte zertrümmern müssen, um nun ganz von vorn wieder anzufangen. Nichts ist falscher als das. Auch das antike Weltgebäude, das uns Ptolemäus im ›Almagest‹ geschildert hat, befand sich in Übereinstimmung mit den Beobachtungstatsachen und dem gesamten Erfahrungsschatz seiner Zeit. Mit Hilfe jener astronomischen Theorien, in denen die Erde als der ruhende Mittelpunkt der Welt angesehen wurde, konnte man im Rahmen der geringen Genauigkeit, mit der die Alten, die nur primitive Instrumente besaßen, den Lauf der Himmelskörper beobachteten, die Bewegung von Sonne, Mond und Planeten auf lange Zeit voraussagen, und man konnte auch Sonnen- und Mondfinsternisse im voraus berechnen. Und das war so ziemlich alles, was die damalige Wissenschaft von einer guten Theorie des Weltalls verlangte.

Im Prinzip ist das alles auch heute noch gültig. Das Verdienst des Kopernikus besteht aber darin, dass er das Weltgebäude von einem anderen Standpunkt aus zu betrachten lehrte, nähmlich vom Standpunkt einer rotierenden und sich um die Sonne bewegenden Erde aus, und dass er dabei entdeckte, dass die Dinge von diesem neuen Gesichtswinkel aus bedeutend einfacher und harmonischer aussahen als bisher. Viel später haben dann Kepler und Newton erkannt, dass diese Einfachheit und Harmonie noch sehr viel tiefer und umfassender ist, als Kopernikus geahnt hatte. Wir wissen heute, dass wir weder die Erde noch die Sonne als den absoluten Weltmittelpunkt anzusehen haben, und dass daher an sich das *heliozentrische* System des Kopernikus nicht *wahrer* ist als das *geozentrische* des Ptolemäus. Der Kernpunkt der Sache ist vielmehr folgender: Wir bevorzugen das heliozentrische System, weil in ihm und nur in ihm die Gesetze, nach denen die Bewegungen der Himmelskörper geregelt erscheinen, ihre einfachste, klarste und allgemeinste Form annehmen. Nur in diesem System nämlich gilt das Newtonsche Gravitationsgesetz, nach dem sich alle freien mechanischen Bewegungen am Himmel wie auf der Erde aus einer einzigen, sehr einfachen Grundformel berechnen und herleiten lassen.

Das bedeutet aber keineswegs, dass wir in dieser ›Newtonschen Mechanik‹ nun die letzte und durch nichts mehr zu erschütternde Wahrheit vor uns haben, wenn auch das Newtonsche Gravitationsgesetz, seitdem es aufgestellt wurde, schon mehrere sehr schwierige Proben bestanden hat. Die berühmteste dieser Proben bezieht sich auf die Entdeckung des Planeten *Neptun* im Jahre 1846. Schon um das Jahr 1820 herum war den Astronomen aufgefallen, dass der 1781 von Herschel entdeckte Planet *Uranus* eine Bahn beschrieb, die durch das Gravitationsgesetz nicht vollständig erklärt werden konnte, vielmehr wurden die Abweichungen des Planetenorts von der nach diesem Gesetz vorausberechneten Bahn ständig größer. Die einzige Möglichkeit, wieder Übereinstimmung zu erzielen, bestand darin, dass man die Existenz eines weiteren noch unbekannten Planeten annahm, durch dessen Anziehungskraft die beobachteten Störungen der Uranusbewegung erklärt werden könnten. Die Astronomen Adams und Leverrier unternahmen unabhängig voneinander den Versuch, Bahnform und Stellung des hypothetischen

Planeten aus diesen Störungen zu berechnen. Nach den Angaben von Leverrier fand dann der damals in Berlin tätige Astronom Johann Gottlieb Galle den Planeten *Neptun* unweit des vorausberechneten Ortes. Für andere Erscheinungen, die mit wachsender Güte und Genauigkeit der astronomischen Messinstrumente beobachtet wurden, bot hingegen das Newtonsche Gravitationsgesetz überhaupt keine befriedigende Erklärung. So wurde gefunden, dass das Perihel (der sonnennächste Punkt) der stark elliptischen Bahn des Planeten *Merkur* seine räumliche Lage schneller verändert, als dies der Theorie zufolge möglich war. Versuche, diesen Überschuss der Perihelverschiebung (der zwar nur etwa 40 Bogensekunden in hundert Jahren betrug) durch die störende Anziehungskraft eines weiteren Planeten zu erklären, der noch innerhalb der Merkurbahn um die Sonne kreisen sollte, schlugen fehl, auch wurde ein solcher Planet, für den man schon vorsorglich den Namen *Vulkan* bereit gehalten hatte, trotz eifrigen Suchens nicht gefunden. So blieb nur noch die andere Annahme übrig, dass in jener großen Sonnennähe, in der der Merkur seine Bahn zieht, das Newtonsche Gesetz nicht mehr in aller Strenge gilt.

Auch eine andere Überlegung regte die Wissenschaft an, Form und Gültigkeitsbereich des Gravitationsgesetzes erneut zu überprüfen. Den Physikern war es inzwischen gelungen, auch für ein anderes großes Gebiet ihres Forschungsbereiches, die auch die Lehre von den Lichtschwingungen umfassende Elektrodynamik, ein grundlegendes System von Formeln aufzustellen (die sogenannten Maxwellschen Gleichungen), aus denen sich die beobachteten Erscheinungen und Gesetze dieses Bereiches ebenso ableiten ließen, wie dies für die Mechanik aus dem Gravitationsgesetz möglich war. Verglich man aber nun beide Grundgesetze miteinander, das mechanische und das elektrodynamische, so ergaben sich gewisse prinzipielle Unterschiede, die mit einer einheitlichen Natur- und Weltanschauung nicht verträglich waren. Während nämlich die Form des Newtonschen Gravitationsgesetzes ungeändert bleibt, wenn man die Dinge statt von einem ruhenden von einem geradlinig gleichmäßig bewegten Standpunkt aus beobachtet, ist dies für die Maxwellschen Gleichungen durchaus nicht der Fall. Um diesen sehr störenden und dem Streben nach einem einheitlichen Weltbild entgegenstehenden Übelstand zu beseitigen, erfand Albert Einstein im Anfang dieses Jahrhunderts seine berühmte *Relativitätstheorie*. Obwohl diese Theorie, welche die unserem Bewusstsein nach *Kant* als ›*Anschauungen a priori*‹ eingeprägten Vorstellungen von Raum und Zeit leugnet und an ihre Stelle ein ganz unanschauliches *Raum-Zeit-Kontinuum* setzt, immer noch nicht allgemein anerkannt wird und Gegenstand teilweise sehr heftiger Auseinandersetzungen gewesen ist, lässt sich nicht abstreiten, dass es durch sie möglich geworden ist, nicht nur so verschiedenartige Gebiete der physikalischen Erscheinungswelt wie Mechanik und Elektrodynamik unter gemeinsame Gesichtspunkte zu bringen, sondern dass in der aus ihr folgenden ›*relativistischen*‹ Theorie der Gravitation nicht nur das Newtonsche Gesetz als Näherungslösung enthalten ist, sondern dass auch die beobachtete mit einer strengen Gültigkeit des Newtonschen Gesetzes unvereinbare Beschleunigung der Perihelbewegung des Merkur eine zwangsläufige und sogar zahlenmäßig genaue Erklärung findet.

Mit diesen etwas breiten Ausführungen sollte

folgendes klargestellt werden: In der exakten Wissenschaft gibt es keine endgültigen und ewigen Wahrheiten, sondern nur Annäherungen an jene große Wahrheit, deren ungeschmälerter Besitz dem endlichen Menschengeist verwehrt bleibt. Was wir als Wahrheit bezeichnen, behält für uns solange Gültigkeit, als sich keine Widersprüche mit der Erfahrung ergeben. Es gibt daher auch keine *Schulweisheit*, die mit autoritären Ansprüchen vor die Öffentlichkeit tritt, und kein Dogma, das einem Ungläubigen verwehrt, mit Gegengründen gegen es aufzutreten. Im Gegenteil: Jeder sich ergebende Widerspruch mit alten oder neuen Erfahrungstatsachen zwingt die Wissenschaft, den bis dahin als richtig angenommenen Standpunkt aufzugeben und einen anderen zu suchen, der auch diesen Tatsachen gerecht wird. Die gleichen strengen Vorschriften, die der echte Wissenschaftler für sich selbst als verbindlich ansieht, verlangt er aber selbstverständlich auch von allen, die sich anheischig machen, an die Stelle mehr oder weniger unvollkommener Theorien und Hypothesen andere und bessere zu setzen, ganz gleichgültig, ob solche Verbesserungsvorschläge aus den Reihen der *zünftigen* Wissenschaft oder von Außenseitern stammen.

Der Vorwurf des autoritativen Dogmatismus, der der Wissenschaft so oft von Pseudowissenschaftlern gemacht wird, die wegen der Nichtbeachtung ihrer meist naiven und indiskutablen Vorschläge gekränkt sind, fällt vielmehr zum größten Teil auf die also Gekränkten selbst zurück. Das gilt ganz besonders für die Astrologen, deren Lehren ganz eindeutig auf meist anonyme Autoritäten zurückgeführt werden können, und deren Lehrgebäude jener strengen Selbstkontrolle

ermangelt, auf der die Vertrauenswürdigkeit der echten
Wissenschaft beruht.

8. Kapitel

Zureichende und unzureichende Gründe

Wenn von seiten der Wissenschaft irgendeine neue Behauptung oder zur Erklärung eines Vorganges eine neue Hypothese aufgestellt wird, so wird man – ganz unabhängig von der Frage, ob die Behauptung sich als richtig oder die Hypothese sich als mit der Erfahrung verträglich erweist – zumindest verlangen, dass zwingende und hinreichend vernünftige Gründe ihre Aufstellung rechtfertigen. Als Kopernikus seine heliozentrische Planetentheorie veröffentlichte, hatte er gegenüber der alten geozentrischen Auffassung vom Weltall nur den einen vernünftigen Grund, dass nach seiner neuen Theorie das Bild vom Bau des Planetensystems bedeutend einfacher und durchsichtiger wurde als das alte von Ptolemäus entworfene Weltbild. Dieser Grund war in der Tat hinreichend, um die neue Ansicht in die Waagschale der Diskussion zu werfen. Hätte die neue Theorie, für die ja damals noch keinerlei Beweise vorlagen, das Weltbild nicht vereinfacht, sondern womöglich noch komplizierter gestaltet, so hätte sie sich mangels zureichender Begründung kaum durchsetzen können. Unzureichend begründete Theorien werden überhaupt in der Wissenschaft nicht Fuß fassen. Daran scheiterte auch Hörbigers Welteislehre. Die Vision vom Mondeis, die Hörbiger in jener Septembernacht des Jahres 1894 hatte, war kein hinreichender Grund, ein neues Weltbild zu entwerfen, denn die Wissenschaft besaß ja bereits viel bessere mit Beobachtung und Erfahrung übereinstimmende Mutmaßungen über die Beschaffenheit der Mondoberfläche, und auch mit anderen Einzelheiten der Welteislehre (z. B. mit seinen Erklärungen der Sonnenflecke, der Milchstraße und der irdischen Hagelschauer) rannte ihr Verfasser offene Türen ein, indem er gute oder auch weniger gute wissenschaftliche Erklärungen durch schlechte ersetzte.

Die Astrologen konnten in der vorkopernikanischen Zeit für ihre Behauptungen von den Einflüssen der Gestirne auf Schicksal, Anlagen und Charakter des Menschen mancherlei plausible Gründe vorlegen, die, wenn sie auch nicht zwingend waren, so doch für eine annehmbare Diskussionsgrundlage ausreichten. Schließlich mussten ja – wir haben das schon weiter oben betont – die Planeten mit ihren merkwürdig verschlungenen Bewegungen irgendeinen vernünftigen Sinn haben, und es wäre schwer, sich vorzustellen, dass die Weisen jener Zeit bei dem unablässigen Suchen nach jenem Sinn zu einem anderen Ergebnis hätten kommen können als gerade zu der Überzeugung, die Gestirne seien das sichtbare Bindeglied zwischen dem Ratschluss der Götter und dem Geschick der Menschen und der Völker.

Mit dem Zerfall des geozentrischen Weltbildes wurde das auf einmal ganz anders. Die Erde hatte ihre zentrale Stellung im Weltall eingebüßt; die Planeten waren nicht länger unkörperliche Leuchtzeichen am Himmel, sondern große Weltkörper wie die Erde selbst. Ihre schleifenförmigen Bahnen durch den ›Tierkreis‹ brauchten nun nicht mehr als Flammenschrift von Götterhand gedeutet zu werden, da man ja nun wusste, dass es sich lediglich um scheinbare Effekte handelte, die durch die Bewegung des irdischen Standpunktes um die Sonne perspektivisch vorgetäuscht wurden. Alles fand seine natürliche Erklärung, und jene mystischen Zusammenhänge, die von den alten Astrologen zur Deutung sonst unverständlicher Erscheinungen herangezogen wurden, waren überflüssig geworden, da es ja nichts Unbegreifliches mehr zu deuten gab. In der Tat lässt sich kein vernünftiger und hinreichender Grund für die Annahme angeben, dass große erdähnliche Himmelskörper spezifische Wirkungen auf der Oberfläche der Erde entfalten, die nicht etwa die Erde als Ganzes betreffen, sondern jeden einzelnen dieser vergänglichen, kurzlebigen, mikrobenhaft kleinen Erdbewohner, die sich Menschen nennen, besonders ansprechen. Der Gedanke, dass jene fernen Weltkörper, die zum Teil viel größer als die Erde sind, sich, als wären sie Götter, um Schicksal und Charakter jedes einzelnen Menschen bemühen sollten, ist schon an sich in höchstem Grade lächerlich und absurd und nur zu verstehen als eine Reminiszenz aus jenen alten Zeiten, in denen die primitiven Vorstellungen von der Einrichtung der Welt und eine maßlose Überschätzung der Stellung und Bedeutung des Menschen in ihr hierzu Anlass gegeben haben.

Es kommt aber noch etwas anderes hinzu. Nach Ansicht der Alten war der Mensch so alt oder fast so alt wie die Erde selbst. Nach der Bibel, die noch im Mittelalter nicht nur als religiöses Buch gewertet wurde, sondern auch in naturwissenschaftlichen Dingen als authentische Quelle galt, hat Gott die Welt vor rund sechstausend Jahren in sechs Tagen und den Menschen am letzten dieser sechs Tage geschaffen. Damit war klargestellt, dass alle Beziehungen in der Welt, einschließlich derer zwischen Weltall und Menschheit, von Anfang an im Schöpfungsplan vorgesehen waren und auch von Anfang an galten. Ein grundsätzlicher Widerspruch mit den Behauptungen der Astrologen war hier nicht vorhanden. Das hat sich aber heute vollkommen geändert, und die Astrologen hüten. sich wohl, auf diesen schwachen Punkt ihrer Gedankenkostruktion einzugehen. Wir wissen heute, dass die Erde mindestens seit zwei, wenn nicht drei Milliarden Jahren besteht, und dass das ganze Sonnensystem in seiner jetzigen Gestalt etwa das gleiche Alter hat. Alle gegenseitigen Bewegungen der Himmelskörper in diesem mechanischen System haben also, von unwesentlichen Veränderungen abgesehen, seit jenen fernen Urtagen schon bestanden, und von der Oberfläche der Erde aus hat man seither die Planeten, die Sonne und den Mond den Tierkreis und seine zwölf Abschnitte durchwandern sehen, und wenn die Einflüsse ihrer Konstellationen und Aspekte naturgesetzlicher Art wären, so müssten sie auch diese ganze Zeit über wirksam gewesen sein.

Wo aber war während dieser langen Ära der Erdgeschichte der Mensch, dem diese Wirkungen galten? Die Paläontologie weist nach, dass der Mensch frühestens vor ein paar hunderttausend Jahren als hoch entwickeltes Säugetier erstmalig auf der Erde aufgetreten, ist, d.h. erst während des letzten Zehntausendstels des Erdenlebens gibt es überhaupt Menschen. Aber nur in den letzten paar Hundertsteln dieser relativ winzigen Zeitspanne, vielleicht seit zehntausend Jahren, hat es so etwas gegeben wie menschliche Ku1tur, wie Geschichte und Schicksal, also gerade das, was nach Ansicht der Astrologen die Gestirne bewirken und steuern. Wie haben sich diese schicksalslenkenden Kräfte der Planeten, der Zeichen des Tierkreises und der Häuser des Himmels in früheren erdgeschichtlichen Perioden ausgewirkt? Hat man irgendeinen Grund anzunehmen, dass schon in der Steinkohlenzeit die Planeten menschliche Eigenschaften besaßen wie gut und böse? Glaubt man etwa, dass es Sinn hätte, in jener anderen geologischen Periode, als die Erde von Sauriern bevölkert war, den Häusern des Himmels Bedeutungen zuzuschreiben, wie ›*Haus der Reisen, der Ehe, der Ehren*‹ oder andere von typisch menschlicher Prägung? Wenn man dies aber verneint – und man muss es verneinen – wann und aus welcher Ursache heraus haben dann Planeten und Himmelshäuser jene menschliche Funktionen übernommen? Die Antwort auf diese peinliche Frage kann für jeden denkenden Menschen nur die folgende sein: Offenbar dann, als der Mensch selbst begann, seine eigenen Wünsche und Belange in die Gestirne hineinzudichten.

9. Kapitel

Schlagworte

Angesichts dieser und anderer Ungereimtheiten ist es für einen an wissenschaftliches Denken gewohnten Menschen schwer zu verstehen, woher die heutigen Astrologen den Mut nehmen, ihre aus einer ganz andersartigen Welt des Denkens stammenden Thesen immer noch für hinreichend begründet zu halten. Aber die Astrologen waren um Auswege nie verlegen. Wohl wissend, dass die große Masse, die es zu beeinflussen galt, zu allen Zeiten auf Schlagworte reagiert, fanden sie als Ersatz für den fehlenden zureichenden Grund ihrer Lehre das aus dem Begriffsschatz der modernen Erfahrungswissenschaft stammende Schlagwort ›Strahlung‹, mit dem sie um so mehr auf Propagandaerfolg rechnen durften, als es ja ihrer Lehre einen gewissen wissenschaftlichen Anstrich verlieh. Alle Welt redet ja heute von Strahlung, die Physiker, die Astronomen, die Biologen, die Mediziner und auch die Vertreter der okkulten ›Grenzgebiete der Naturwissenschaft‹. Sterne strahlen, radioaktive Substanzen strahlen, aus dem interstellaren Raum dringt harte Korpuskularstrahlung durch dicke Bleiplatten, und in zahllosen pseudowissenschaftlichen Zeitschriftenreportagen ist von geheimnisvollen, teils wohltätigen, teils verderblichen Erdstrahlen die Rede, wenn auch diese von übelwollenden schulwissenschaftlichen *Dogmatikern* abgeleugnet werden. Rutengänger behaupten, auf Strahlen, die von verborgenen Wasseradern und Erzgängen herrühren, empfindlich zu reagieren, und die große Menge glaubt ihnen, weil sie, von einzelnen Zufallserfolgen geblendet, die zahlreichen

Versager übersieht.

Was ist denn Strahlung? Physik und Astronomie lehren, dass unter gewissen Bedingungen von Sternen und anderen materiellen Quellen Impulse ausgehen, die sich nach allen Richtungen des Raumes mit großer Geschwindigkeit, meist mit Lichtgeschwindigkeit, ausbreiten und überall dort, wo sie auf andere Körper auftreffen, Wirkungen verschiedener Art hervorbringen. Diese Wirkungen aber sind physikalischer und chemischer Natur (auch da, wo es sich um biologische Wirkungen handelt), und ihre Unterschiede haben lediglich drei Ursachen:

1. Die Verschiedenartigkeit der Vorgänge in der Strahlungsquelle bei der Aussendung der Strahlung,
2. Die verschiedenartige Veränderung, die die Strahlung uf ihrem Wege zum Empfänger erleidet,
3. Die unterschiedlichen physikalischen, chemischen usw., nicht etwa menschlich-persönliche Eigenschaften des Empfängers selbst.

Es kann nun gar keine Rede davon sein, dass die Strahlungen, durch die die Astrologie die von ihr behaupteten Wirkungen der Planeten erklären oder verständlich machen möchte, von der oben beschriebenen Art sind. Wäre die Strahlung, um die es sich hier handeln würde, von der Art des Senders abhängig, so wäre unverständlich, warum etwa Jupiter eine wohltätige, Saturn aber eine schädliche Strahlung aussenden sollte, denn beide Planeten sind, wie wir heute wissen, einander in der physikalisch-chemischen Beschaffenheit ihrer Strahlung aussendenden Oberflächen außerordentlich ähnlich. Nebenbei bemerkt, ist die

Strahlung der Planeten ausschließlich reflektierte Sonnenstrahlung, die nur durch die Eigenart der Planetenoberflächen und Planetenatmosphären modifiziert wird. Der Hauptunterschied zwischen der Strahlung des Jupiter und des Saturn ist quantitativer Natur, denn Saturn ist nicht nur kleiner als Jupiter, sondern auch fast doppelt so weit enfernt wie dieser, und seine Strahlungsintensität ist daher merklich geringer. Die Astrologen machen sich nun aber über derartige Intensitätsunterschiede gar keine Gedanken, wenn sie das Schlagwort ›Strahlung‹ gebrauchen. Für sie ist der nahe Mars vermöge seiner Strahlung nicht intensiver wirksam als der ferne Pluto[21], obwohl dieser äußerste der bekannten Planeten mehr als eine Million mal schwächer leuchtet als unser roter Nachbar im Sonnensystem.

Die Strahlung, die von Pluto auf die Erde gelangt, ist nicht stärker als die der meisten ›Kleinen Planeten‹, die zu Tausenden zwischen Mars und Jupiter um die Sonne kreisen, und deren Existenz in den Horoskopen der Astrologen gänzlich übersehen wird. Ja selbst die größten dieser ›Planetoiden‹, die zuweilen beinahe die scheinbare Helligkeit des Uranus erreichen und fast mit bloßem Auge sichtbar werden, sind den Astrologen uninteressant. Warum also, so fragt man, ist die moderne Astrologie so eifrig bemüht, Pluto in ihr System einzubeziehen, obwohl er nur in den größten Fernrohren als winziges Lichtpünktchen sichtbar wird, während die Strahlung der *Ceres* und der *Vesta*, jener *Planetoiden*, die in Erdnähe heller als Neptun erscheinen, gänzlich unberücksichtigt bleibt? Dass es sich bei diesen

---

[21] Anm. d. Herausgebers: Pluto gilt seit 2006 als Kleinplanet

Überlegungen speziell um das sichtbare Licht handelt, schränkt ihre allgemeine Gültigkeit nicht ein: auch für die ›*Strahlung*‹ der Astrologie müssten die gleichen Intensitätsgesetze gelten. Da dies nicht beachtet wird, erweist sich *Strahlung* hier als ein sinnwidrig angewandtes Schlagwort.

Unverständlich und mit den physikalischen Strahlungsbegriffen unvereinbar ist die Art der angeblichen astrologischen Wirkung der Planetenstrahlung auf den Menschen. Diese Wirkung hängt nämlich nicht wie die der pyhsikalischen Strahlung von der Intensität und Beschaffenheit ab, mit der sie den Empfänger erreicht, sondern von Verhältnissen, die gar nicht objektiv bestimmbar, sondern durch den subjektiven Standpunkt des Empfängers gegeben sind. Und zwar ist diese Wirkung nicht nur abhängig von der Höhe des sendenden Gestirns über dem Horizont des Empfängers (was man allenfalls verstehen könnte, da sich ja die strahlenbrechende und strahlenabschwächende Wirkung der irdischen Lufthülle mit der Höhe des Gestirns ändert), sondern auch von der Himmelsrichtung, aus der sie kommt, und von der jeweiligen Stellung des betreffenden Planeten in Bezug auf die zwölf Zeichen des Tierkreises. Außerdem (und das ist ein völliges Novum in unseren Vorstellungen von der Strahlung) soll sie nur im Augenblick der Geburt des Empfängers wirken, dann aber so, dass sie fortdauernde Kraft behält. Vermöge dieser Wirkung soll es beispielsweise passieren, dass im Leben des Horoskopträgers nach vielen Jahren ein bestimmtes Ereignis eintritt, weil zur Zeit dieses Ereignisses die Stellungen der Gestirne zu den Gestirnsstellungen bei der Geburt in ganz bestimmter, durch gewisse schematische Regeln festgelegter Beziehung stehen.

Aus der Erfahrungswissenschaft, die über Strahlungen aller Art unzählige Einzelerkenntnisse zusammengetragen und zu gültigen und in der Praxis bewährten Regeln und Gesetzmäßigkeiten verarbeitet hat, sind derartige Strahlungswirkungen »mit Zeitzündung« niemals bekannt geworden, und es besteht kein zureichender Grund für die Annahme, dass sie existieren. Dass die Astrologen trotzdem keine Gelegenheit vorübergehen lassen, neue Entdeckungen der Wissenschaft über Strahlung zu Kronzeugen für ihre verworrenen Ansichten über diesen Gegenstand zu stempeln, zeigt folgende Verlautbarung aus der Astrologenzeitschrift »Das Neue Zeitalter« vom 20. März 1953 anlässlich der von den Astrophysikern vor einiger Zeit gemachten Entdeckung, dass es kosmische Strahlungsquellen im Weltall gibt, die Radiowellen ausstrahlen. Ein Gewährsmann dieser Zeitschrift schreibt:

»Eine außerordentlich bedeutsame Erkenntnis über die Herkunft kosmischer Radiowellen war die Entdeckung, dass ein merklicher Anteil dieser Strahlung aus direkten lokalisierten Quellen im galaktischen Raum, stammt, d.h. innerhalb des Milchstraßensystems[22]. Man kennt heute über hundert solcher ›Radiosterne‹, aber das Außergewöhnliche an ihnen ist, dass sie, abgesehen von drei Ausnahmen, nicht übereinstimmen mit den gewöhnlichen Lichtsternen oder anderen Himmelskörpern von anerkannt astronomischer Bedeutung, vielmehr handelt es sich bei ihnen um einen bisher unbekannten Typ elektromagnetischer kosmischer Strahlungsquellen, die nur durch ihre Radiostrahlung

---

[22] Anm. d. Verfassers: Das ist falsch, denn einige dieser Radiowellen aussendenden Objekte sind Spiralnebel

nachweisbar sind.

Die Astrophysik ist also auf geradem Wege dahin, um nicht nur die Radiowellen der Sonne, sondern auch anderer Gestirne zu beweisen und damit die heute noch von manchen Naturwissenschaftlern als abergläubisch bezeichnete Astrolologie wissenschaftlich zu bestätigen.«

Dieser Schlusssatz, in dem durch einen außerordentlich kühnen, aber gänzlich unmotivierten Gedankensprung eine einfache Erfahrungstatsache, die nichts, aber auch gar nichts mit Astrologie zu tun hat, zum Beweisgrund für die Astrologie erhoben wird, kennzeichnet mit einer Deutlichkeit, die nichts zu wünschen übrig lässt, die pseudowissenschaftliche Denkungsweise der Astrologen. Man könnte hieraus geradezu ein neues Musterbeispiel für einen logischen Fehlschluss herleiten: »Die Astrologie behauptet, dass die Gestirne vermöge ihrer Strahlung das Schicksal der Menschen beeinflussen. Die Astronomen haben entdeckt, dass Sterne (oder auch bestimmte Teile des Raumes, in denen strahlende Sterne nicht beobachtet werden) Radiowellen aussenden. Damit ist die obige Behauptung bewiesen«. Wahrlich, eine Beweisführung, die jedem Gymnasiasten ein *Ungenügend* in Mathematik eintragen würde!

10. Kapitel

Der Schematismus in der Astrologie

Aber lassen wir die Frage nach Art und Beschaffenheit jener astrologischen Strahlung einmal beiseite und wenden wir unser Augenmerk auf den Schematismus der Regeln, mit deren Hilfe die Astrologen die Planetenkonstellationen im Horoskop in die menschlichen Belange des Horoskopträgers übersetzen bzw. umdeuten. Auch in der Wissenschaft gibt es solche Schemata und mehr oder weniger übersichtliche Regeln, nach denen beobachtete Erscheinungen sich katalogisieren und deuten lassen. Man erinnere sich an das von dem schwedischen Naturforscher Linné aufgestellte System der Pflanzenwelt, in dem die ungeheure Fülle der Arten übersichtlich und schematisch nach gewissen einfachen und eindeutigen Merkmalen in Klassen und Unterklassen eingeteilt wird. Heute wird das ›künstliche‹ System des Linné, das die Klasseneinteilung (bei den Blütenpflanzen) in erster Linie nach der Zahl der Staubblätter, in zweiter Linie nach der Zahl der Fruchtblätter (Griffel) vornimmt, neben dem ›natürlichen‹ System benutzt, das bei der Klassenbildung die charakteristischen Merkmale der ganzen Pflanze verwendet. Ein weiteres Beispiel für den Gebrauch schematischer Ordnungen ist in der Chemie und der Atomphysik das ›System der Elemente‹, dessen periodische Struktur im vorigen Jahrhundert von dem Deutschen Lothar Meyer und dem Russen Mendelejeff entdeckt wurde. Auch die Strukturformeln der organischen Chemie geben zur Ausbildung eines Schematismus Anlass, dessen Fruchtbarkeit darin besteht, dass er nicht nur erlaubt, die ungeheure Zahl der organischen Verbindungen zu übersehen und nach inneren Verwandtschaften, nach fortschreitenden Serien zu ordnen, sondern sogar die Möglichkeit eröffnet, neue Stoffe mit vorauszusehenden Eigenschaften auf Grund einer sinngemäßen Erweiterung des vorliegenden Schemas synthetisch zu schaffen. Für alle diese Schemata der Wissenschaft, deren es noch viele ähnliche gibt, gilt aber auch der Satz vom zureichenden Grunde: Nur dann ist es erlaubt, die Dinge zu schematisieren, wenn eine innere Notwendigkeit dafür vorhanden ist, und wenn die Beobachtungsergebnisse einer Erfahrungswissenschaft so geartet sind, dass die schematische Einteilung ihrer Objekte nach gewissen vernünftigen Gesichtspunkten tunlich erscheint.

Der Schematismus der astrologischen Deutungsregeln hingegen lässt solche sachlich-vernünftigen Gesichtspunkte vermissen, vielmehr kann man leicht nachweisen, dass bei seiner Entstehung ganz unwissenschaftliche Dinge maßgeblich beteiligt gewesen sind, wie der schon weiter oben beanstandete Namenkult, kindische Zahlenspielerei und schließlich Einteilungsbegriffe, die aus der heute längst überholten antiken Naturphilosophie stammen.

Schon die Einteilung des Tierkreises in zwölf ›Zeichen‹[23] erscheint recht willkürlich und steht in offensichtlichem Zusammenhang mit der Tatsache, dass die Zahl 12 in dem bei den alten Babyloniern gebräuchlichen Zahlensystem eine ähnliche fundamentale Rolle spielte wie die Zahl 10 bei unserem heutigen. Die

---

[23] Widder, Stier, Zwillinge, Krebs, Löwe, Jungfrau, Waage, Skorpion, Schütze, Steinbock, Wassermann, Fische

Zwölfzahl der Monate hingegen, die vielfach als Grund für diese Einteilung angegeben wird, ist zu ihrer Erklärung kaum hinreichend, da die Zahl der synodischen Mondumläufe im Jahr größer als 12 ist[24] und somit nur zufällig und ungefähr der heiligen Zahl 12 benachbart ist. Die Namen der zwölf Zeichen stammen von den Sternbildern, die zur Zeit des Altertums (etwa von 2000 v. Chr. bis zum Beginn unserer Zeitrechnung) in diesen Tierkreisabschnitten gestanden haben, und die Sternbildnamen selbst haben zum Teil mythologischen Ursprung, zum Teil sind sie auch aus dem Anblick der betreffenden Sterngruppe abgeleitet worden. Das Sternbild *Zwillinge* z.B. verdankt seinen Namen ganz offensichtlich den beiden hellen Sternen, die es beherrschen, und denen die Alten die Namen der sagenhaften Zwillingsbrüder Castor und Pollux verliehen haben. Auch das Sternbild Löwe lässt sich mit wenig Phantasie auf Grund seiner geometrischen Form als der zum Sprung bereite König der Tiere deuten – der hellste Stern dieses Bildes stellt das Herz des Löwen dar und trägt, um diese Deutung noch zu unterstreichen, den Namen Regulus (d.h. Königsstern). Bei anderen Bildern des Tierkreises ist ein Zusammenhang zwischen Konstellation und Name nur mit viel gutem Willen oder auch gar nicht zu konstruieren, nur der *Skorpion* mag hier noch erwähnt werden, ein Sternbild, das deutlich den gekrümmten Giftstachel und in dem Hauptstern *Antares* das rötlich-böse funkelnde Auge des Tieres zeigt. Bei anderen Sternbildnamen hat die griechische Mythologie unzweifelhaft Pate gestanden. Der *Widder* zum Beispiel lässt sich leicht mit der Sage

---

[24] 1 Jahr = 12 synod. Monate + 11 Tage

vom ›*Goldenen Vließ*‹ in Zusammenhang bringen, einem Widderfell aus gesponnenem Golde, um dessen Besitz der Kriegszug der Argonauten unternommen wurde. Das Sternbild *Stier* ist einer ganzen Gruppe von Sternbildern zugeordnet, die dem Tierkreis nicht angehören: *Orion*, der sagenhafte gewaltige Jäger, wurde von Zeus zur Strafe für begangene Freveltaten an den Himmel versetzt, wo man ihn mit seinen Hunden (Sternbilder *Kleiner und Großer Hund*) den wilden Stier jagen sieht, der ihm die Hörner (die beiden hellen Sterne *Beta* und *Zeta* im Stier) und das zorngerötete Auge (versinnbildlicht durch den roten Hauptstern des Stiers, *Aldebarân*) zuwendet. Wenn auch über die Herkunft der meisten Sternbildnamen Unklarheit herrscht, so zeigen doch diese Beispiele, dass wenigstens bei einigen von ihnen ganz unastrologische Dinge mitgespielt haben. Nichtsdestoweniger zeigt sich auch hier, wenngleich weniger deutlich als bei den Planeten, der Hang der alten Astrologen, aus den Namen geheimnisvolle Bedeutungen herauszulesen. Dazu kommt aber noch folgendes: Die *Namen* gelten den Sternbildern, die *Bedeutungen* aber werden den ›Zeichen‹, d.h. den zwölf Abschnitten des Tierkreises zugeschrieben, die heute mit den Sternbildern gleichen Namens gar nicht mehr zusammenfallen. Infolge der sogenannten *Präzession* wandert nämlich der Frühlingspunkt, von dem aus die Zeicheneinteilung beginnt, in 25.800 Jahren einmal um den Tierkreis herum, so dass er durchschnittlich alle 2150 Jahre in ein anderes Sternbild gelangt. Heute, rund zweitausend Jahre nach der Zeit des klassischen Altertums, in der noch die Sternbilder mit den Tierkreiszeichen gleichen Namens zusammenfielen, ist das also nicht mehr der Fall: das Sternbild *Widder* ist jetzt in das Zeichen *Stier* gerückt, das Sternbild *Stier* in das Zeichen *Zwillinge* usw. Trotzdem hat in dem Schema der astrologischen Deutungsregeln das Zeichen *Stier* seine Stiereigenschaften behalten (Stiergeborene sind beharrlich, häuslich und praktisch, in schlechtem Sinne aber auch trotzig, nachtragend und dickköpfig!), obwohl es das *Sternbild* Stier, dessen Namen manche dieser Eigenschaften entstammen, längst an das Zeichen *Zwillinge* abgegeben hat und nun das Sternbild *Widder* beherbergt.

Aber der Schematismus der Astrologen geht noch viel weiter. Die zwölf Zeichen werden, um sie mit allen möglichen menschlichen Dingen in Beziehung zu bringen, mit diesen Dingen nach äußerst durchsichtigen Regeln gekoppelt. So wird ganz schematisch der menschliche Körper in zwölf Abschnitte zerlegt, indem man beim Kopf anfängt und mit den Füßen aufhört, und diese Abschnitte werden nun einfach der Reihe nach den zwölf Tierkreiszeichen zugeordnet, also der K o p f dem *Widder,* der H a l s dem *Stier,* die S c h u l t e r n , L u n g e n und A r m e den *Zwillingen,* der M a g e n dem *Krebs,* das H e r z dem *Löwen* und so fort. Ferner werden auch die vier Elemente der antiken Naturlehre, die in der modernen Naturwissenschaft gar keine Bedeutung haben und infolgedessen als verünftiges Einteilungsprinzip nicht mehr in Frage kommen sollten, auch von den heutigen Astrologen noch zur Klassifizierung der Tierkreiszeichen verwendet, und zwar in ganz primitiver Weise so, dass man diese Elemente in der Reihenfolge Feuer, Erde, Luft, Wasser viermal auf die zwölf Zeichen abzählt. Ebenso werden die Attribute *männlich* und *weiblich* nach dem gleichen Verfahren in *bunter Reihe* auf die Tierkreiszeichen übertragen, wobei noch (wo doch auf die tiefere Bedeutung der Namen sonst so großer Wert gelegt wird) die niedliche Inkonsequenz zutage tritt, dass zwar der Widder ein *männliches*, der Stier und ebenso der Steinbock aber ein *weibliches* Sternbild ist.

Diese Art der schematischen Zuordnung nach dem Vorbild der Abzählreime, wie sie von Kindern beim Spielen benutzt werden, lässt erkennen, dass die Astrologen bei der Aufstellung ihrer Systeme irgendwelche sachlichen Einteilungsprinzipien gar nicht besitzen und so nach solchen überaus dummen und kindlichen Regeln verfahren müssen. Das wird noch deutlicher, wenn man die Zuordnung zwischen Tierkreiszeichen und Planeten betrachtet. Jeder Planet hat nämlich gewisse Tierkreiszeichen, in denen er zuhause, also ›*Herr*‹ ist, und in denen er seine ihm zugeschriebenen Kräfte besonders stark entfalten kann. Da es nun bei den Alten, die diese Zuteilung vorgenommen haben, gerade sieben Planeten gab[25], und da die Zahl sieben in zwölf nicht aufgeht, so war eine schematische Zuordnung mit gewissen Schwierigkeiten verbunden. Sie halfen sich so, dass sie das ›*königliche*‹ Zeichen L ö w e der *Sonne*, das benachbarte ›*weibliche*‹ Zeichen K r e b s dem *Mond* zuwiesen und die restlichen zehn Zeichen symmetrisch dazu auf die fünf eigentlichen Planeten aufteilten, sodass jedem Planeten zwei Zeichen als Herrschaftsgebiete zufielen. Diese wahrhaft salomonische Weisheit verratende Lösung mag den Menschen des Altertums eingeleuchtet haben, selbst den um Erkenntnis der Wahrheit ehrlich bemühten Wissenschaftlern jener Zeit, denen ein von innerer Harmonie und Gesetzlichkeit erfülltes Schema

---

[25] nämlich Sonne, Mond und die fünf mit bloßem Auge sichtbaren sternartigen Planeten

mehr bedeutete als ein bloßes Hilfsmittel zur Orientierung. Die heutige Astrologie ist aber weit davon entfernt, dieses alte Schema aufzugeben, obwohl sich die Zahl der in ihm unterzubringenden Planeten inzwischen durch die Entdeckung von Uranus, Neptun und Pluto[26] um drei erhöht hat und damit das ganze auf die Zahl sieben aufgebaute Schema hinfällig geworden ist. Jeder exakte Wissenschaftler hätte diese Tatsache zum Anlass genommen, die Hypothesen, auf denen jenes alte Schema beruht, zu verwerfen und alles, was aus ihnen abgeleitet wurde, einer strengen Nachprüfung zu unterziehen. Die Astrologie hat das nicht getan, sondern das Neue irgendwie an das baufällige Alte angeflickt, im blinden Glauben an seine Unanfechtbarkeit, und damit ihre Unwissenschaftlichkeit erneut unter Beweis gestellt.

Anm.d.Verfassers.: Weiteres Material über Schematismus und andere Ungereimtheiten in der Astrologie findet der Leser in den Werken von L. Reiners *»Steht es in den Sternen?«* und Ph. Schmidt *»Astrologische Plaudereien«.*

---

[26] Anm. d. Herausgebers: Pluto gehört seit 2006 nicht mehr dazu

11. Kapitel

Das Problem der Zwillinge

In der Mathematik, der exaktesten aller Wissenschaften, gibt es häufig mehrere verschiedene Wege, um die Richtigkeit einer Behauptung zu beweisen. Vielfach erweist es sich dabei als besonders leicht und vorteilhaft, einen indirekten Weg einzuschlagen: Man geht von der Annahme aus, dass der behauptete Satz falsch und sein Gegenteil richtig sei. Gelingt es dann zu zeigen, dass man so auf Widersprüche stößt, so ist es klar, dass die Annahme falsch und der behauptete Satz richtig ist (vorausgestzt natürlich, dass es nicht noch irgendeine dritte Möglichkeit gibt).

Auch für den Nachweis, dass die Astrologie keine Wissenschaft, sondern ein Aberglaube ist, und dass ihr Anspruch, Wahrheiten zu vermitteln, somit unberechtigt ist, kann man diesen indirekten Weg beschreiten. Man braucht nur aus der Annahme, die astrologischen Aussagen seien richtig, einige logisch einwandfreie Schlussfolgerungen zu ziehen und nachzuweisen, dass man so auf unlösbare Widersprüche stößt. Ein solcher Beweis würde jeden mit den Regeln des vernünftigen Denkens vertrauten Menschen überzeugen und die Widersinnigkeit der Astrologie mit handgreiflicher Deutlichkeit aufdecken.

Man kann sich zu diesem Zwecke der sogenannten ›Zwillingshoroskope‹ bedienen. Nach Behauptung der Astrologen sind Charakteranlage und Schicksal des Menschen durch die Stellung der Gestirne im Augenblick seiner Geburt und in Bezug auf den Horizont des Geburtsortes bestimmt. Nach dieser

Theorie haben also Zwillinge stets das gleiche Horoskop, wenn sie zugleich (d.h. etwa innerhalb der gleichen Viertelstunde) das Licht der Welt erblicken. Sie können aber auch mehr oder weniger verschiedene Horoskope haben, wenn der Abstand der Geburtszeiten etwas größer ist. Zwar werden die Planeten innerhalb weniger Stunden weder ihren Platz in den Tierkreiszeichen noch ihre Stellung zueinander wesentlich ändern, wohl aber werden Planeten und Zeichen in so kurzer Zeit in andere Himmelsabschnitte (=Häuser) abgewandert sein. Beispielsweise könnte es vorkommen, dass bei der Geburt des ersten Zwillings der Planet Jupiter noch unter dem Horizont im ›Haus des Charakters‹ steht, während er bei der des zweiten schon aufgegangen ist und im ›Haus der Feinde‹ weilt. Auch könnte der schnelle Mond in der Zwischenzeit aus dem einen Zeichen in das nächste übergetreten sein, wodurch sich unter Umständen stark veränderte Aspekte ergeben würden. Nun gibt es tatsächlich der Erfahrung gemäß zwei verschiedene Arten von Zwillingen: Einerseits die eineiigen Zwillinge, die aus der gleichen Keimzelle hervorgewachsen sind, und die sich wegen ihrer gleichen Erbanlagen in Geschlecht, Aussehen, Fähigkeiten, Charakter und sehr oft auch in ihren Lebensschicksalen zum Verwechseln ähnlich sehen, andererseits die zweieiigen Zwillinge, die sich in allen diesen Dingen nicht mehr ähneln als es im allgemeinen Geschwister tun, deren Geburtszeiten viele Jahre auseinanderliegen können. Die moderne Biologie hat die vererbungstheoretischen Ursachen der Ähnlichkeit eineiiger Zwillinge hinreichend geklärt, und es besteht somit nicht das geringste Bedürfnis nach einer anderen Theorie. Die Astrologen aber behaupten nach wie vor, dass die schwarzen und die heiteren Lose dieser kleinen Erdenbürger allein durch die Tatsache der gleichen Gestirnseinflüsse im Augenblick ihrer gemeinsamen Geburt bestimmt sind. Und nun kommen wir zu dem angekündigten indirekten Beweis für die Unrichtigkeit der astrologischen Behauptungen: Wenn wir für einen Augenblick annehmen würden, dass die Astrologen mit ihrer Theorie Recht hätten, so würde daraus zwangsläufig folgen, dass eineiige Zwillinge stets gleichzeitig, zweieiige dagegen stets in mehr oder weniger großen Zeitabständen geboren werden, denn wäre dies nicht der Fall, so würde man mit den wohlbegründeten und durch die Erfahrung bestätigten Tatsachen der Vererbungslehre in Widerspruch geraten. Von einem solchen unterschiedlichen Verhalten der Zwillinge bei ihrer Geburt kann aber keine Rede sein; jede Hebamme und jeder Frauenarzt kann bestätigen, dass Gleichzeitigkeit oder Nichtgleichzeitigkeit bei Zwillingsgeburten mit Ein- oder Zweieiigkeit nichts zu tun haben.

Wir berühren hier überdies ein Problem, bei dessen weiterer Erörterung noch eine ganze Reihe anderer schwerwiegender Ungereimtheiten der astrologischen Denkungsweise offenbar werden. Zunächst einmal sind sich die Astrologen selbst über die Frage, welcher Augenblick denn eigentlich als Geburtszeit im astrologischen Sinne anzusehen sei, durchaus nicht einig. Auch den Astrologen ist ja bekannt, dass die Geburt eines Menschen ein Vorgang ist, der sich oft über viele Stunden hinzieht, und es bleibt dann der Willkür überlassen, welchen Moment – etwa den der Abnabelung oder den des ersten Atemzuges des Neugeborenen – man als denjenigen ansehen will, in dem die merkwürdige Sternstrahlung ihre plötzliche Tätigkeit entfalten soll. Dazu kommt noch die unbestreitbare Tatsache, dass es ja vielfach ganz in der Hand des Geburtshelfers steht, den Augenblick der Geburt um Stunden, ja um Tage zu beschleunigen oder zu verzögern. Der Arzt, der die Zange gebraucht oder den Kaiserschnitt ausführt, hat es also in der Hand – wenn anders die Astrologie die Wahrheit sagt – das Schicksal, den Charakter, die geistigen und körperlichen Anlagen des Kindes willkürlich zu verändern, indem er die Sternenstunde seiner Geburt früher oder später schlagen lässt. Dieser Arzt hätte es sogar in der Hand, eineiige Zwillinge verschieden und zweieiige einander zum Verwechseln ähnlich zu machen.

Aber auch das ist noch lange nicht alles. Es lässt sich statistisch nachweisen, dass in dicht besiedelten Gebieten oft Hunderte von Kindern am gleichen Ort und zur gleichen Zeit (d.h. wiederum in der gleichen Viertelstunde) geboren werden, die also – obwohl sie biologisch gesehen keinerlei Verwandtschaft miteinander haben – genau das gleiche Geburtshoroskop und daher wiederum nach dem Glauben der Sterndeuter die gleichen körperlichen, geistigen und seelischen Anlagen, die gleichen Fähigkeiten und die gleichen guten oder bösen Vorbedingungen für die Gestaltung ihres Schicksals mit auf die Welt bringen. Die Astrologen, die man darauf aufmerksam macht, dass es mindestens hundert, wenn nicht mehr Menschen gegeben haben muss, die gleichzeitig mit Goethe und unter denselben Gestirnen geboren sind, ohne dass man von ihnen jemals etwas gehört hat, reden sich meistens daraufhin heraus, dass ja die Astrologie gar keine konkreten Voraussagen mache, sondern dass die Gestirne nur

Anlagen verleihen und Gunst oder Ungunst der schicksalformenden kosmischen Kräfte bestimmen, und dass es darüber hinaus noch dem freien Willen des Menschen überlassen bleibe, ob er diese Anlagen ausnutzen und in kritischen Augenblicken der Weisung der Sterne folgen wolle oder nicht. Es bleibe dem Urteil des nachdenklichen Lesers überlassen, was dann noch von der ganzen Kunst der Astrologie übrig bleibt, wenn man zugeben will, dass Freiheit des Willens oder Einfluss der Umwelt bei jenen neunundneunzig oder mehr verhinderten Goethe-Naturen genügt haben sollen, um die glänzenden Aspekte ihres Horoskops unwirksam zu machen, desselben Horoskops, das allein jenen einen zum großen Staatsmann, unsterblichen Dichter und Liebling der Götter gemacht hat. Nebenbei bemerkt, war Goethes Horoskop alles andere als ›günstig‹, und ein unvoreingenommener Sterndeuter hätte aus ihm kaum die glänzende Laufbahn des Dichters herausgelesen.

Ein Problem, das dem Zwillingsproblem eng verwandt ist, ist das der Geschwisterhoroskope überhaupt. Die verwandten Züge, die aus erbbiologischen Ursachen bei Kindern derselben Eltern mehr oder weniger deutlich anzutreffen sind, müssten auch in ihren Horoskopen zu finden sein. Den exakten Nachweis dafür aber sind uns die Astrologen bisher schuldig geblieben.

12. Kapitel

Corriger la fortune

Im vierten Akt von Lessings unsterblichem Lustspiel »*Minna von Barnhelm*« tritt der windige französische Gauner Riccaut de la Marlinière auf, der für den Betrug beim Spiel die minder grobe Umschreibung ›*corriger la fortune*‹ (›das Glück verbessern‹) vorzieht. Auch die Astrologen bedienen sich mehr oder weniger offen jenes Aushilfsmittels leidenschaftlicher Spieler, denen das unparteiische Gesetz des Zufalls zu geringe Gewinnchancen bietet: Sie spielen mit gezinkten Karten.

Jeder Astrologe nämlich hat ja die Möglichkeit, sein eigenes Horoskop und das seiner Klienten oder auch die Horoskope weltbekannter Persönlichkeiten mit den betreffenden Lebensläufen und Charakteristiken zu vergleichen und dann festzustellen, ob die astrologische Deutung dieses ›*Kosmogramms*‹ (wie man neuerdings das Horoskop zu bezeichnen vorzieht) mit den Tatsachen verträglich ist oder nicht. Nun ist es aber nicht besonders schwer, eine solche Übereinstimmung herzustellen, wenn die Lebensdaten des Horoskopträgers bis zur Gegenwart bzw. bis zu seinem Tode vorliegen. Die Deutungsregeln der Astrologie sind nämlich keineswegs eindeutig. Einmal gibt es zahlreiche Schulen der Sterndeutekunst, nach denen aus der gleichen Planetenkonstellation verschiedene und zum Teil sich völlig widersprechende Folgerungen gezogen werden können, so dass es also dem Sterndeuter unter Umständen freisteht, sich auf die eine oder die andere Autorität zu berufen. Sodann aber ist die Zahl der

Indizien in einem Horoskop, die zu seiner Ausdeutung herangezogen werden können, außerordentlich groß, und es ist unmöglich, mehr als einen sehr kleinen Teil von ihnen überhaupt zu berücksichtigen. Der Sterndeuter hat also die Möglichkeit, bei der nachträglichen Untersuchung der Treffsicherheit eines Kosmogramms gerade diejenigen ›Aspekte‹ auszuwählen, die mit den bekannten Lebensdaten am besten verträglich sind und die minder verträglichen einfach zu ignorieren. Will z.B. der günstige Aspekt eines freundlichen Planeten, etwa des *Jupiter* oder der *Venus*, zu gewissen unglücklichen Ereignissen oder Charaktereigenschaften des Horoskopträgers gar nicht passen, so kann man fast mit Sicherheit annehmen, dass sich irgend eine böse ›Strahlung‹ des als Übeltäter verschrieenen *Saturn* finden lässt, die daran schuld gewesen sein muss, dass jener günstigen Konstellation die Wirkung versagt blieb. Andererseits kann man so verstehen, dass die Astrologen aus dem schlechten Horoskop Goethes nachträglich so viel Günstiges herauszulesen verstanden haben, dass sie es immer noch als Muster eines vorzüglich stimmenden Kosmogramms herumzeigen.

Will aber das alles nichts helfen, so wird der gläubige Astrologe daraus nicht etwa den naheliegenden Schluss ziehen, dass es, um einen Ausspruch Martin Luthers gegen die Sterndeuterei zu zitieren, »ein *Dreck mit seiner Kunst sei*«, sondern er wird ganz einfach die ihm mitgeteilte Geburtszeit der betreffenden Person anzweifeln, indem er sich auf die bekannte Tatsache beruft, dass es ja häufig sehr schwer zu entscheiden ist, welchen Zeitpunkt man als den Geburtsmoment anzusehen hat, oder dass vielleicht die amtlichen oder nichtamtlichen Angaben nicht stimmen. Er wird dann die Geburtszeit um viertel, halbe und ganze Stunden, nötigenfalls sogar um Tage nach vor- oder rückwärts solange verschieben, bis das Horoskop einigermaßen stimmt. Durch diese willkürliche Korrektur wird also ganz offen eine Praktik ausgeübt, die jeder moderne Wissenschaftler als glatten Betrug ablehnen würde. Der einzige mildernde Umstand, den man dem offenbar noch tief in der Denkungsweise des Altertums wurzelnden Astrologen zubilligen könnte, wäre der, dass ähnliche unsaubere Methoden auch von großen Wissenschaftlern der Antike gelegentlich ohne Bedenken angewandt wurden. So war Ptolemäus, einer der scharfsinnigsten Köpfe des Altertums, gegen solche Fehlgriffe nicht gefeit. Er wusste z. B., dass vierhundert Jahre vor ihm Aristarch von Samos nach einer im Prinzip einwandfreien, aber in der Anwendung ungenauen Methode die Entfernung der Sonne zu 19 Mondentfernungen bestimmt hatte (während wir heute wissen, dass die Sonne 390 Mondabstände entfernt ist). Ptolemäus erfand nun eine ganz neue, sehr scharfsinnige und gedanklich vollkommen richtige neue Methode zur Berechnung des Sonnenabstandes aus der Beobachtung von Mondfinsternissen, und er erhielt nach dieser Methode, die er im ›Almagest‹ ausführlich beschrieben hat, genau den gleichen falschen Wert wie Aristarch. Hier kann gar kein Zweifel darüber walten, dass Ptolemäus, wahrscheinlich aus übertriebener Achtung und Ehrfurcht vor der Leistung seines großen Vorgängers, seine eigenen Beobachtungsdaten, denen er wohl nicht recht traute, so ›frisierte‹, dass der überlieferte Wert herauskam. Wir müssen das um so mehr annehmen, als sich im *Almagest* noch weitere unzweideutige Beispiele für ein solches unwissenschaftliches Verfahren dieses Mannes finden lassen, dessen Werke sonst durch Scharfsinn und selbständiges Denken ausgezeichnet sind. Kein moderner Wissenschaftler dürfte sich auf das Beispiel des Ptolemäus berufen, um ähnliche höchst anfechtbare Manipulationen zu rechtfertigen. Der Astrologie aber macht es offenbar gar nichts aus, auf ähnliche Weise dem Schicksal ins Handwerk zu pfuschen (was man ebenfalls frei mit ›corriger la fortune‹ übersetzen könnte).

Ein ganz ähnliches Beispiel für die Pfuscherarbeit der Astrologen bietet die Sache mit den sogenannten ›Direktionen‹. Das ist ein ebenfalls aus dem frühesten Altertum übernommenes Verfahren, um das Horoskop eines Neugeborenen zu Voraussagen über dessen vermutlichen Lebenslauf zu benutzen. Um solche Voraussagen machen zu können, soweit sie nicht schon aus der Ausdeutung des Geburtshoroskops selbst folgen, bedarf der Astrologe ja eigentlich der Kenntnis der Gestirnsstellungen an allen möglichen Lebensdaten des Horoskopträgers, um diese dann mit den entsprechenden Gestirnsstellungen im Geburtshoroskop in Beziehung zu setzen. Da es nun im frühen Altertum noch recht schwierig gewesen ist, den Lauf der Planeten auf längere Zeiten genau genug vorauszuberechnen[27], ersann man Auswege. Und zwar nahm man an, dass sich das Schicksal des Neugeborenen in den Gestirnsaspekten während der ersten Stunden und Tage seines Lebens widerspiegele, denn für so kurze Zeitspannen konnte man ja die Veränderungen am Sternenhimmel noch leicht übersehen. So setzte man etwa fest, dass die Aspekte des ersten Lebenstages mit

---

[27] Erst die um 150 n. Chr. im *Almagest* erschienenen Planetentafeln des Ptolemäus schufen hier Abhilfe

dem Schicksal des ersten Lebensjahres in Zusammenhang stünden, die des zweiten Tages mit dem des zweiten Jahres und so fort. Nach einer anderen Lesart entsprechen bei der Anwendung solcher *›Direktionen‹* je vier Minuten einem Lebensjahr. Dass diese Art der Zukunftserforschung völlig willkürlich und sinnlos ist, und dass die verschiedenen Arten der Bildung solcher Regeln sich untereinander wie auch gegenüber den sonstigen Voraussagemethoden völlig widersprechen, sieht wohl jeder ein. Nicht so der Astrologe selbst, der noch heute diese Direktionsmethoden, und zwar nach Bedarf die eine oder die andere, bedenkenlos anwendet, obwohl der historische Grund für die Zuflucht zu solchen kindischen Aushilfsmitteln längst gegenstandslos geworden ist; denn man kann ja heutzutage ohne Schwierigkeit die Stellung der Planeten aus genauen Tabellen für beliebig lange Zeiten im voraus ablesen.

Man sollte denken, dass die vollendete Unbekümmertheit, mit der hier versucht wird, einem naiven Publikum durch geistlose Taschenspielertricks Sand in die Augen zu streuen, nicht mehr zu überbieten ist. Manche Astrologen bekommen aber auch das fertig. Da ist nämlich noch die Sache mit den Zwillingshoroskopen, die auch bei dem einfältigsten Gläubigen der Sterndeutekunst schwere Bedenken hervorrufen könnte und, da diese Argumente gegen die Astrologie nicht gut widerlegt werden können, selbst dem überzeugten Astrologen auf die Nerven fällt. Was also tun, um dieser Gefahr auszuweichen? Man vermehrt die große Zahl der verschiedenen Astrologenschulen um eine neue, die nun behauptet: Es ist gar nicht wahr, dass der Augenblick der Geburt für das Horoskop verbindlich ist, sondern vielmehr der Augenblick der *Empfängnis*, in dem ja auch eigentlich das Leben des Menschen seinen Anfang nimmt. Mit dieser neuen ›*Konzeptionsastrologie*‹, die allerdings auch in Astrologenkreisen noch sehr umstritten ist, sucht man die unangenehmen Widersprüche und Einwände zu beseitigen, die bei der Diskussion über die Zwillingsgeburten aufgetaucht sind. Wenn es nämlich für das weitere Leben des Menschen entscheidend ist (ein Gedanke, der im Sinne der Biologie sogar wohlberechtigt wäre), dann ist es kein Wunder, wenn eineiige Zwillinge sich mehr ähneln als zweieiige, denn jene verdanken ja ihre Entstehung einer einzigen Konzeption, diese dagegen nicht.

Leider hat die Sache aber einen Haken: Der Moment der Konzeption nämlich ist unter allen Umständen unbekannt und kann nur in gewissen nicht allzu häufigen Fällen auf einen Zeitraum von vielen Stunden eingeschränkt werden, der für eine genaue Horoskopstellung viel zu lang wäre. Und so bleibt auch den Anhängern der Empfängnisastrologie nichts anderes übrig, als den unbekannten Empfängnismoment rückwärts aus den Lebens- und Charakterdaten des betreffenden Menschen zu berechnen, d.h. also wiederum das in das Horoskop hineinzustecken, was man aus ihm herauslesen möchte. Ganz abgesehen davon aber würde man ja mit dieser neuen Methode alles das buchstäblich über den Haufen werfen, was angeblich eine jahrtausendelange Praxis an Erfahrungen, Weisheiten und todsicheren Rezepten zutagegefördert hat. Kein Wunder also, dass die Mehrzahl der Astrologen nicht geneigt ist, diesen einzigen Weg zu beschreiten, der an dem Dilemma der Zwillingshoroskope vorbeiführt, und sich lieber darauf verlässt, dass die Leute schon blind dieses Dilemma übersehen.

13. Kapitel

Astrologie und Statistik

Die Reihe der Beispiele und Überlegungen, die uns zeigen, auf welch schwankendem Boden das auch in sich selbst so widerspruchsvolle Bauwerk der Sterndeutekunst errichtet ist, ließe sich noch beliebig vermehren. Doch wenden wir uns nun einmal der Frage zu, ob es nicht die Erfahrung selbst ist, die letzten Endes über Wert oder Unwert der Astrologie entscheidet.

Die Astrologen selber pflegen auf eine ganze Reihe von Musterbeispielen vorzüglich stimmender Horoskope und eingetroffener Voraussagen hinzuweisen. Aber hierbei handelt es sich zum überwiegenden Teil um Fälle von Horoskopdeutungen a posteriori, d.h. Personen betreffend, die entweder schon verstorben sind, oder deren Charakter und Lebenslauf man bis zur Gegenwart kennt. Wir haben bereits gesehen, welche mehr oder weniger bedenklichen Mittel der Astrologe anwendet, um .ein solches im Nachhinein ausgedeutetes Horoskop mit der Wirklichkeit einigermaßen in Übereinstimmung zu bringen, und dass nicht zuletzt die Vielfalt der in den astrologischen Regeln selbst versteckten Möglichkeiten der Deutung es ihm leicht machen, positive Resultate zu erzielen. Mit den eigentlichen Voraussagen hingegen ist es etwas anders. Zwar liest man immer wieder von Prognosen, die eingetroffen sein sollen, aber dabei handelt es sich fast ausschließlich um Fälle, die sich einer Nachkontrolle hartnäckig entziehen, oder die, falls eine solche Kontrolle doch einmal möglich gewesen ist, sich als purer Schwindel herausgestellt haben. Das soll beileibe nicht heißen, dass nicht gelegentlich astrologische Voraussagen eintreffen. Auch einem Lotteriespieler glückt zu Zeiten ein ansehnlicher Gewinn oder gar das ›Große Los‹, und es ließe sich eine beliebig umfangreiche Liste solcher Glücksfälle zusammenstellen, ohne dass daraus ein vernünftiger Mensch den Schluss ziehen wird, der Kauf eines Loses genüge, um ihm ein Vermögen zu garantieren.

Überhaupt wird bei derartigen Dingen immer übersehen, dass bei Prophezeiungen jeder Art gelegentliche Treffer, auch wenn sie nur dem Spiel des Zufalls zu verdanken sind, großes Aufsehen erregen, während die ungleich größere Zahl der Nieten leicht vergessen oder überhaupt nicht bemerkt wird. Viele abergläubische Ansichten oder pseudowissenschaftliche Behauptungen verdanken diesem Umstand, dass sie sich unter einem unkritischen Publikum hartnäckig halten und schwer ausrottbar sind. Man denke nur an die von der Wissenschaft auf Grund sehr sorgfältiger Untersuchungen längst widerlegte Lehre von dem Einfluss des Mondes auf das Wetter. Jeder unkritische Beobachter des Wetters wird sehr häufig die Feststellung machen, dass Mondwechsel und Wetterumschlag zeitlich zusammenfallen, und wenn dann behauptet wird, dass beide in ursächlichem Zusammenhang stehen, so glaubt er es, da er ja diesen Satz durch seine eigene Erfahrung bestätigt sieht. Er vergisst nur die unzähligen Male, bei denen dieses Zusammentreffen ausbleibt, und er versäumt natürlich vollends, sich zu überlegen, dass schon die Wahrscheinlichkeit eines lediglich zufälligen Zusammentreffens verhältnismäßig sehr groß ist.

Zweifellos gehören astrologische Voraussagen ebenso wie etwa Wetterprognosen zu jener Art von Behauptungen, die mitunter von der Erfahrung bestätigt werden, mitunter aber auch nicht. Der Wahrheitsgehalt solcher Behauptungen ist niemals eindeutig sicher, sondern nur mit einer gewissen Wahrscheinlichkeit angebbar. Diejenige Wissenschaft aber, die mit der Wahrscheinlichkeit des Eintretens von Ereignissen wie mit Zahlengrößen zu rechnen und zu operieren versteht, ist die *Statistik*. Sie ist eine mathematische Wissenschaft, obwohl sie von so unsicheren und anscheinend ganz unmathematischen Dingen handelt wie Wahrscheinlichkeit, Hoffnung oder Erwartung, Zufall, Streuung, Ungenauigkeit und Fehlern. Ihre Aussagen sind daher auch nicht exakt, sondern haben ihrerseits wieder ein gewisses Maß an Wahrscheinlichkeit bzw. Unsicherheit, das aber doch durch Zahlenangaben irgendwie festgelegt und daher exakt definiert werden kann.

Betrachten wir einmal, um ein allgemein bekanntes Beispiel zu nehmen, die täglichen Wettervorhersagen. Nehmen wir den einfachsten Fall an, dass eine solche Voraussage sich auf die Angabe beschränkt, dass das Wetter des nächsten Tages gut oder schlecht sein wird. Wobei wir, ebenfalls der Einfachheit halber, voraussetzen wollen, dass die Angabe ›gutes‹ oder ›schlechtes Wetter‹ eindeutig sei, was ja in Wirklichkeit nicht der Fall ist. Nun möge ein Wetterprophet seine Prognosen durch bloßes Raten stellen, indem er etwa sich eines Würfels bedient, wobei ein gerader Wurf gutes und ein ungerader Wurf schlechtes Wetter bedeuten soll. Derartige Prognosen, die keinerlei wissenschaftlichen Hintergrund haben und daher ganz wertlos sind, verdanken ihr Entstehen lediglich dem bloßen Zufall. Trotzdem wird man finden, dass bei hinreichend langer Fortsetzung dieses Verfahrens etwa die Hälfte aller Prognosen eintreffen, die andere Hälfte fehlschlagen wird. Man sagt daher: Die Zufallswahrscheinlichkeit einer richtigen Voraussage dieser Art beträgt 50%. Nun möge ein anderer Wetterprophet nach der primitiven Regel verfahren, für den nächsten Tag stets das Wetter des Vortages zu prophezeien. Da nun erfahrungsgemäß *gutes* oder *schlechtes* Wetter meist mehrere, oft sogar viele Tage hintereinander anzuhalten pflegt, ist leicht einzusehen, dass diese Voraussagemethode sehr viel mehr Treffer als Versager haben wird. Das liegt daran, dass hierbei nicht nur der Zufall eine Rolle spielt, sondern die erfahrungsmäßig vorhandene Neigung des Wetters zur Beständigkeit mit herangezogen wird. Die größtmögliche Trefferzahl aber wird der geübte Meteorologe erzielen, der nicht nur diese, sondern die ganze Fülle der Wettererfahrungen seiner Wissenschaft benutzt und vor Abgabe seiner Prognose die Wetterkarten eingehend und kritisch zu Rate zieht. Nicht das Maß der Wahrscheinlichkeit eines Treffers an sich ist also für die Güte einer Voraussagemethode charakteristisch, sondern die Angabe, wie hoch die Trefferwahrscheinlichkeit über der Zufallswahrscheinlichkeit liegt. Man würde ja sonst die durch bloßes Raten zu erzielende Trefferzahl von 50% schon für ein ausgezeichnetes Resultat halten dürfen, während in Wirklichkeit auch die Trefferzahl der wissenschaftlich-meteorologischen Voraussagen, die etwa bei 85-90% liegt, noch lange nicht befriedigend dicht bei 100%, der Trefferquote absolut sicherer Prognosen, liegt.

Man sieht schon an diesem einfachen Beispiel, das

wir mit Absicht etwas schematisiert haben, dass die Beurteilung der Güte eines Voraussageverfahrens mit Hilfe der Statistik eine nicht ganz unkomplizierte Angelegenheit ist, die zu ihrer einwandfreien Durchführung ein hohes Maß an Einfühlungsvermögen in das zu lösende Problem und eine sichere Beherrschung der Methoden verlangt, die von der Wissenschaft der mathematischen Statistik in den letzten anderthalb Jahrhunderten mit großer Sorgfalt ausgebildet worden sind.

Die Aufgabe, die Treffsicherheit astrologischer Aussagen statistisch zu prüfen, ist sehr kompliziert. Man sollte aber meinen, dass die Astrologen selbst ein sehr großes Interesse daran hätten, eine solche Untersuchung durchführen zu lassen, um den Streit um Wert oder Unwert der Sterndeutekunst ein für allemal aus der Welt zu schaffen. Das scheint aber nicht der Fall zu sein. Zwar haben einige namhafte Astrologen wie Freiherr v. Klöckler sich ernsthaft mit dem statistischen Nachweis der Treffsicherheit von Horoskopen beschäftigt, aber die Ergebnisse ihrer Untersuchungen waren so zweifelhaft und dürftig, dass sie zu der Überzeugung gelangten, die Statistik als eine ›dem Geiste der Astrologie wesensfremde Methode‹ sei nicht geeignet, ihr gerecht zu werden. Das ist natürlich Unsinn, denn in Wirklichkeit ist die Statistik das einzige Mittel, um die hier aufgeworfene Frage von seiten der Erfahrung her überhaupt zu entscheiden, und wenn die Statistik nein oder ja sagt, so ist damit ein kaum noch anfechtbares Urteil gesprochen, vorausgesetzt, dass die Methoden der Statistik sachkundig und objektiv angewandt wurden.

Hier aber liegt nun eine große Gefahr vor. Die

Statistik ist ein machtvolles Hilfsmittel in der Hand des Erfahrungswissenschaftlers, aber ihre Anwendung erfordert ein großes Maß an Kenntnissen und praktischer Übung. In der Hand des unerfahrenen Laien aber wird sie zu einem sehr gefährlichen Instrument. Es kommt in der Tat sehr häufig vor, dass Statistiken zu falschen Ergebnissen führen, weil ihre Methoden nicht mit der notwendigen Sorgfalt und Sachkenntnis angewandt wurden. Besonders zwei statistische Grundgesetze müssen beachtet werden, wenn die statistische Untersuchung zu einem einwandfreien Ergebnis führen soll: Das ›*Gesetz der großen Zahl*‹ und das ›*Gesetz der repräsentativen Auswahl*‹.

Das Gesetz der großen Zahl besagt einfach, dass statistische Ergebnisse um so genauer sind, je größer und umfangreicher das Material war, aus dem sie abgeleitet wurden, und dass in jedem Fall die Zahl der zu einer statistischen Untersuchung heranzuziehenden Einzelangaben über einem gewissen Mindestwert liegen muss. Wenn etwa, um ein ganz einfaches Beispiel zu nennen, ein Würfelspieler fünfmal hintereinander eine Sechs wirft, so kann das – wenn es auch sehr selten vorkommen mag – durchaus noch als ein besonders glücklicher Zufall bezeichnet werden. Würde dieser Spieler aber hundertmal hintereinander diesen glücklichen Wurf tun, so würden wir ihn mit einer an Sicherheit grenzenden Wahrscheinlichkeit des Falschspiels bezichtigen dürfen. Es bedarf also, wenn wir den Tatbestand des Falschspiels statistisch nachweisen wollen, der Festsetzung einer gewissen Grenze, jenseits derer wir den Zufall als Ursache des beobachteten Ergebnisses auszuschließen berechtigt sind. Man wird also, um vermutete Zusammenhänge irgend welcher Art zu bestätigen oder zu widerlegen, immer eine möglichst große Zahl von Einzelfällen in die Untersuchung einbeziehen, um die Möglichkeit auszuschließen, dass das Ergebnis lediglich durch Zufall zustande kommt und daher nicht beweiskräftig ist. Bei der Auswahl dieser Einzelfälle aber hat man darauf zu achten, und das ist der zweite der obengenannten Gefahrenpunkte, dass diese Auswahl auch für die Gesamtheit aller möglichen Fälle repräsentativ ist, d.h., dass sie als Stichprobe aus einer sehr großen Menge die statistischen Eigenschaften dieser Menge mit genügender Genauigkeit wiedergibt. Auch hierfür ein lehrreiches Beispiel: Man will z.B. die durchschnittliche Körperlänge aller erwachsenen Personen in einer Großstadt feststellen. Da man nicht alle Bewohner der Stadt zur Messung heranziehen kann, wählt man tausend Personen aus und betrachtet deren durch-schnittliche Länge als genäherten Wert für das gewünschte Ergebnis. Damit man aber sicher ist, dass die Stichprobe innerhalb eines gewissen zulässigen Spielraums die Wirklichkeit ersetzt, muss man darauf achten, dass die ausgewählte Personenmenge auch nach allen möglichen Gesichtspunkten, so nach Alter, Geschlecht, Beruf usw., ähnlich zusammengesetzt ist wie die Menge der Gesamtbevölkerung. Würde man z.B. bei der Stichprobe nur Frauen auswählen, so würde die errechnete Durchschnittslänge viel zu klein, das statistische Ergebnis also falsch sein. Man würde auch dann ein falsches Resultat erhalten, wenn man bei der Auswahl der tausend Personen besonders große Menschen systematisch bevorzugen würde.

Um bei der Prüfung astrologischer Aussagen auf

statistischem Wege diese beiden gefährlichen Klippen zu umschiffen, gibt es eigentlich nur einen wirklich vernünftigen Vorschlag: Man sammle die genauen Geburtsdaten (mit amtlich bescheinigter, auf mindestens eine Viertelstunde genau anzugebender Geburtszeit) von einer sehr großen Zahl neugeborener Kinder (wobei Geburtstage und Geburtsorte möglichst verschieden sein sollten) und lasse durch ein Gremium von anerkannten Astrologen nach möglichst einheitlichen Regeln und Gesichtspunkten die Horoskope ausarbeiten. Diese Horoskope werden von einer unabhängigen Kommission gesammelt und sicher verwahrt. Nach Ablauf einer längeren Zeit (mindestens 20 bis 30 Jahre) werden sie mit den inzwischen bekannt gewordenen Lebensdaten, Charakteren, geistigen und körperlichen Anlagen usw. der Versuchspersonen unter Mitwirkung erfahrener Statistiker, Psychologen und Naturwissenschaftler verglichen.

Es ist eigentlich erstaunlich, dass die Astrologen, die doch selbst mit einer oft an Fanatismus grenzenden Inbrunst an die Wahrheit ihrer Lehre glauben, sich stets hartnäckig sträuben, wenn ihnen eine solche Prüfung, die ja ohne ihre Mitwirkung gar nicht möglich wäre, vorgeschlagen wird. Wenn sie sich wirklich einmal zu statistischen Experimenten dieser Art bereit erklären, dann unter Bedingungen, die eine einwandfreie Statistik unmöglich machen und dem Spiel des Zufalls, dem Zustandekommen von Auswahleffekten und schließlich auch betrügerischen Manipulationen viel zu große Chancen bieten. Man kann in diesem merkwürdigen Verhalten der Anhänger der Sterndeutekunst doch wohl eine trotz aller überzeugungstreue im Unterbewusstsein vorhandene Unsicherheit erkennen, vor allem aber das ungeheure Misstrauen der Abergläubischen gegen die Wissenschaft, der sie alles das zutrauen, was sie selbst – bewusst oder unbewusst – aus ihrer geistigen Haltung heraus denken und tun: Sie glauben, dass auch der Wissenschaftler, geleitet von vorgefassten Meinungen und von dem Wunsch, ein Dogma unter allen Umständen bestätigt zu sehen, vor Fälschungen und Tatsachenverdrehung nicht zurückschrecken wird. Die Wissenschaft selbst hat daher an solchen statistischen Experimenten zur Widerlegung der Astrologie wenig Interesse, so wünschenswert sie zur Aufklärung der breiten Öffentlichkeit auch wären. Einmal weiß sie auch ohnehin, dass diese Experimente, wenn sie einwandfrei durchgeführt werden, kein anderes Ergebnis haben können, als das, was auch ohne die Erfahrung, lediglich durch richtiges Denken, zustande kommt. Andererseits ist sie überzeugt davon, dass jedes unter der Aufsicht der Wissenschaft gewonnene Resultat von der Astrologie als böswillig verfälscht angesehen und abgelehnt werden wird, dass aber ohne solche Kontrolle entstandene Statistiken nicht den geringsten wissen-schaftlichen Wert besitzen.

14. Kapitel

Die Flucht in die Geisteswissenschaft

Die schlechten Erfahrungen, die die Astrologen mit den Naturwissenschaften und ihren unbequemen Forderungen an Objektivität, Genauigkeit und Folgerichtigkeit des Denkens gemacht haben, veranlassen sie immer mehr, ihre mit soviel Überzeugung vorgetragenen Ansprüche, Erfahrungswissenschaftler zu sein, allmählich aufzugeben und sich in die Arme der Geisteswissenschaften zu flüchten, die – wenigstens nach ihrer Meinung – nicht so rigorose Bedingungen stellen, sondern unter Umständen bereit sind, auch einmal fünf gerade sein zu lassen.

Natürlich wäre es ungerecht, den Geisteswissenschaftlern – gemeint sind hier vor allem Philosophen und Psychologen – solche Verstöße gegen verantwortungsvolles und sauberes Denken vorzuwerfen. Immerhin muss zugegeben werden, dass es in ihrem Lager viele Persönlichkeiten gibt, die bereit sind, in diesem Kampf der Meinungen für die Astrologie eine Lanze zu brechen und es nicht ohne Weiteres von der Hand weisen, dass an dieser Lehre *etwas dran sein könnte*. Man argumentiert etwa so: Die Naturwissenschaften, insbesondere Astronomie und Astrophysik, sind in ihren Forschungen und in ihrer ganzen Einstellung der Wirklichkeit gegenüber mechanisch-materialistisch ausgerichtet. Sie übersehen dabei gänzlich, dass es geistig-psychische Zusammenhänge zwischen dem Menschen und der Umwelt oder auch zwischen den Dingen der Umwelt untereinander gibt, die den von der Naturwissenschaft allein anerkannten materiellen Beziehungen parallel laufen und sie ergänzen. Mit anderen Worten: Die Naturwissenschaften und unter ihnen auch die Astronomie hätten gar nicht das Recht, über Dinge mitzureden, die so weit über ihren speziellen Forschungsbereich hinausgehen, wie es etwa die von den Astrologen behaupteten Beziehungen zwischen Mensch und Kosmos tun. Die Astronomen wären offensichtlich im Irrtum, wenn sie immer behaupten, es handle sich bei den von der Astrologie aufgedeckten Zusammenhängen um kausale Beziehungen, derart, dass die Stellung der Gestirne die Ursache menschlicher Charaktere und Schicksale sei. Vielmehr könne es sich hier nur um gewisse Entsprechungen handeln, wie sie von der Psychologie und besonders von ihrer jüngsten Tochterwissenschaft, der Tiefenpsychologie, entdeckt und erforscht werden. Ebenso wie gewiss ist (und auch von den Naturwissenschaftlern nicht geleugnet wird), dass jedem seelischen Erlebnis ein Vorgang der unpersönlichen Außenwelt entspreche, so z.B. der Farb- und Formempfindung des menschlichen Auges ein optischer bzw. elektromagnetischer Schwingungsvorgang im ›Lichtäther‹, ebenso sei anzunehmen, dass ganz allgemein Dinge des Bewusstseins und des Unterbewusstseins, kurz gesagt, die ›Kern-und Urphänome‹ des menschlichen Seelenlebens, mit gewissen Vorgängen oder Zuständen im Kosmos parallel laufen (psychophysischer Parallelismus), nicht im Sinne von Ursache und Wirkung, sondern in dem von Tatbestand und Erlebnis. Man müsse daher, so schließen unsere Psychologen weiter, bei der Beurteilung der von der astrologischen Tradition behaupteten menschlich-kosmischen Korrelationen vorsichtig sein und nicht einfach aus historischen oder mathematisch-naturwissenschaftlichen Gründen leugnen, was sich vielleicht einer Vorwelt, die noch instinktsicherer war als die gegenwärtige naturentfremdete Menschheit, in den Urtiefen der Seele unmittelbar offenbart haben mochte.

Soweit die Geisteswissenschaften oder wenigstens eine gewisse Richtung derselben, die von C. G. Jung, Driesch, Keyserling, Hartlaub und anderen vertreten wird. Natürlich sind solche Worte Wasser auf den Mühlen unserer Astrologen, die nun endlich wieder festen Boden unter den Füßen fühlen. Aber leider erweist sich auch diese Hoffnung als eine schillernde Seifenblase, die ein Windhauch zum Platzen bringt. Denn alles das, was Philosophie und Psychologie für möglich halten, alle jene *Dinge zwischen Himmel und Erde, von denen unsere Schulweisheit sich nichts träumen lässt* (und kein verantwortungsbewusster Naturwissenschaftler wird leugnen, dass es solche Dinge gibt), liegen ja noch tief verborgen im Schoße des Unentdeckten und Ungeklärten, und nur Träumer, die an keine Logik und an keine Naturgesetze verpflichtend gebunden sind, können sie in ihrer Phantasie ans Licht holen. Die Astrologen aber behaupten, diese verborgenen Geheimnisse zwischen Seele und Kosmos zu kennen, ja, sie geben feste Regeln und Rezepte an, nach denen jeder, der guten Glaubens ist, diese Geheimnisse ans Licht ziehen kann. Mit diesem Anspruch aber begibt sich der Astrologe bereits wieder auf das Forum der Erfahrungswissenschaft, die hier allein zuständig ist, wo es gilt, eine klare Entscheidung über *Sein oder Nichtsein*, über *Wahrheit oder Irrtum* herbeizuführen.

Im Übrigen muss betont werden, dass das Wort vom *psychophysischen Parallelismus* nicht von modernen

Tiefenpsychologen geisteswissenschaftlicher Richtung geprägt wurde, sondern schon recht alt ist. Kein Geringerer als der in der Mitte des vorigen Jahrhunderts lebende Philosoph und Naturforscher Gustav Theodor Fechner hat es nicht nur gebraucht, sondern auch in einigen seiner Werke bis in die letzten Konsequenzen mit Leben erfüllt. Fechner war Naturwissenschaftler im besten Sinne: Seine Methoden, die er bei der Erforschung der Beziehungen zwischen objektivem Sinnesreiz und subjektiver Empfindung anwandte, waren mathematisch exakt, und das von ihm gefundene logarithmische Gesetz der Abhängigkeit zwischen Reiz und Empfindung bildet noch heute die Grundlage der auch in der Astrophysik eine wichtige Rolle spielenden physiologischen Optik. Als Philosoph aber war er bereit, die im menschlichen und tierischen Empfindungsleben eine wichtige Stellung einnehmenden Entsprechungen zwischen Naturvorgang und Bewusstsein so weit zu verallgemeinern wie nur irgend möglich. Er war überzeugt, dass auch die Pflanzen ein Seelenleben haben, also die physiologischen Vorgänge in ihren Organismen irgendwie bewusst oder unterbewusst miterleben, und hielt auch Organismen höherer Ordnung, wie z.B. die Planeten als Weltkörper, für mit Bewusstsein ausgestattete psychophysische Einheiten. So sah er die Erde als lebendes Geschöpf:
- Der feste Gesteinskörper sei ihr Knochengerüst;
- Das in Flüssen, Seen, Meeren und Wolken kreisende Wasser ihr nahrungsverteilender Säftestrom;
- Die jahreszeitlich auf- und verblühende Pflanzenwelt ihre Atmung;
- die empfindenden und denkenden Zellen der Tiere

und Menschen in ihrer Gesamtheit das physische Korrelat ihres sinnlichen und seelischen Lebens;
- Die weit in den Raum ausstrahlenden Kraftlinien ihres magnetischen und elektrostatischen Feldes die Sinnesorgane die – beweglichen und fein reagierenden Fühlern vergleichbar – die Botschaften ertasten, die von anderen Gestirnen zu ihr hereindringen.

Wenn wir als nüchterne Denker dieses phantastisch anmutende Weltbild eines geistreichen Gelehrten betrachten, so bemerken wir, dass es nicht beweisbar im Sinne einer naturwissenschaftlichen Theorie ist, also nicht in das Gebiet des Wissens, sondern in das des *Glaubens* gehört. Andererseits dürfen wir zugeben, dass es nirgends mit den Gesetzen des wissenschaftlichen Denkens in Widerspruch steht. Insofern mag dieses liebenswürdige und nichts weniger als mechanisch-materialistische Weltbild als Zeugnis dafür gelten, dass wir sehr wohl – und sei es auch nur in den Bereichen dichterischer Phantasie – kosmisch-menschliche Beziehungen für wahr halten können, ohne uns, wie die Astrologen es tun, falscher Denkformen, unzulässiger Schlussfolgerungen und offensichtlicher Verdrehung unzweifelhafter Tatsachen schuldig zu machen. Aus diesem Grunde nützt auch die Flucht in die Geisteswissenschaften den Astrologen nichts: Das Alibi, das sie sich von den missverstandenen Aussprüchen einiger Tiefenpsychologen erhoffen, hält nicht Stand.

15. Kapitel

Die Undankbarkeit
des modernen Barbaren

Wenn an der Erscheinung des Überhandnehmens des astrologischen Irrglaubens in der Gegenwart, von der unsere Betrachtungen ausgegangen sind, etwas schwer verständlich ist, so der Umstand, dass dieser katastrophenartige Einbruch pseudowissenschaftlichen und geradezu wissenschaftsfeindlichen Denkens ausgerechnet in einem Zeitalter vor sich geht, in dem die Wissenschaft selbst in ihrer Fortentwicklung ein bisher nie gekanntes Tempo eingeschlagen hat und die Welt alljährlich mit neuen Erfolgen überrascht. Mag sein, dass der Mensch, durch Kriege und Katastrophen aus einer ruhigen und besinnlichen Daseinsform herausgerissen und zum *Flüchtling* geworden und sich nach Zukunftshoffnung sehnend, diese nur zu gern bei denen sucht, die sie ihm leichtfertig versprechen. Mag sein, dass das Tempo des wissenschaftlichen Fortschritts dem *Mann auf der Straße* zu gewaltsam ist, als dass er ihm folgen könnte, und dass er daher mehr als sonst geneigt ist, sich primitiveren und seinem ungeübten und unkritischen Denkvermögen leichter eingehenden Weltbildern zuzuwenden. Aber restlos erklärt wird die in ihrem Ausmaß überraschende Erscheinung auch dadurch nicht.

Vielleicht ist es, um weitere Aufschlüsse in dieser so beunruhigend rätselhaften Angelegenheit zu erhalten, nicht uninteressant, den Gedankengängen zu folgen, die der spanische Philosoph José Ortega y Gasset in seinem sehr bekannten Essay *»Der Aufstand der Massen«* (1930)

entwickelt hat. In dem Kapitel *»Primitivismus und Technik«* schreibt er unter anderem folgendes:

»Der Führung in der Gesellschaft hat sich ein Menschentypus bemächtigt, den die Prinzipien der Kultur kalt lassen... Es genügt auf folgende Tatsache hinzuweisen: Seit es die Naturwissenschaften gibt – d. h. seit der Renaissance – hat die Bewunderung für sie im Laufe der Jahrhunderte stetig zugenommen. Deutlicher gesagt: Die Zahl der Menschen, die sich diesen reinen Untersuchungen zuwandten, wuchs im Verhältnis zur Gesamtbevölkerung von einer Generation zur anderen. Der erste relative Rückschritt ist in der Generation aufgetreten, die heute zwischen zwanzig und dreißig steht. Die Institute der reinen Wissenschaft beginnen an Anziehungskraft für die Studenten zu verlieren. Und das geschieht, während die Industrie ihre höchste Blüte erreicht und das Publikum rege Kauflust für die von der Wissenschaft geschaffenen Apparate und Heilmittel zeigt.

Was bedeutet eine so widerspruchsvolle Lage? Sie bedeutet, dass der heute herrschende Mensch ein Primitiver, ein Naturmensch ist, der inmitten einer zivilisierten Welt auftaucht. Die Welt ist zivilisiert, aber ihre Bewohner sind es nicht; sie sehen nicht einmal die Zivilisation an ihr, sondern benutzen sie, als wäre sie Natur. Der neue Mensch will das Automobil und genießt es, aber er glaubt, es wächst von selbst an einem Paradiesesbaum. Im Grunde seiner Seele weiß er nichts von dem künstlichen, fast unwahrscheinlichen Charakter der Zivilisation und wird niemals seine Begeisterung für die Apparate auf die Theorien ausdehnen, die sie ermöglichen ...

Technik ist ihrem Wesen nach durch Wissenschaft bedingt, und Wissenschaft existiert nicht, wenn sie nicht in ihrer Reinheit und um ihrer selbst willen interessiert, und sie kann nicht interessieren, wenn die Menschen nicht mehr um die allgemeinen Grundlagen der Kultur bemüht sind... Man vergisst nur zu gern, wenn man von der Technik spricht, dass ihre Lebensader die reine Wissenschaft ist und die Bedingungen ihrer Fortdauer an diejenigen gebunden sind, die reine Wissenschaftsübung möglich machen. Hat man an alles gedacht, was in den Seelen lebendig bleiben muss, damit es weiter ›Männer der Wissenschaft‹ geben kann? Glaubt man im Ernst, es gäbe Wissenschaft, solange es Dollars gibt?... Ist es nicht unbegreiflich, dass sich bei diesem Stand der Dinge der durchschnittliche Mensch nicht aus freien Stücken und ohne Ermahnungen mit höchstem Eifer auf jene Wissenschaften wirft? Denn man vergegenwärtige sich die heutige Lage: Während alle anderen Kulturdinge fragwürdig geworden sind – Politik, Kunst, die gesellschaftlichen Normen, die Moral selbst – gibt es eines, das täglich unanfechtbarer und in einer für den Massenmenschen eindrucksvolleren Art seine Kraft erweist: Die empirische Wissenschaft. Täglich macht sie neue Erfindungen, die der Durchschnittsmensch benützt; jedermann weiß, dass sich, wenn die wissenschaftliche Inspiration nicht nachlässt, bei Verdreifachung oder Verdoppelung der Laboratorien Reichtum, Bequemlichkeit, Gesundheit, Wohlbefinden vervielfachen würden. Wie ist es möglich, dass die Massen trotzdem auch nicht im Traum bereit sind, ein Geld- oder Sympathieopfer für die bessere Dotierung der Wissenschaft zu bringen, dass die Nachkriegszeit im Gegenteil den Gelehrten zum Paria der Gesellschaft gemacht hat? ...

Die Experimentalwissenschaften bedürfen der Masse wie die Masse ihrer; denn die heute lebende Zahl von Menschen kann auf einem Planeten ohne Physik und Chemie nicht existieren. Welche theoretischen Überlegungen könnten denn bewirken, was das Automobil nicht bewirkt, in dem diese Leute herumfahren, was die Pantoponeinspritzung nicht bewirkt, die wie durch ein Wunder ihre Schmerzen stillt? Das Missverhältnis zwischen den dauernden und offenkundigen Diensten, die ihnen die Wissenschaft leistet, und der Teilnahme, die sie ihr entgegenbringen, ist *zu groß, als dass man sich selbst betrügen und von jemandem, der sich so beträgt, etwas anderes als Barbarei erwarten könnte. Besonders wenn diese Gleichgültigkeit gegen die Wissenschaft als solche vielleicht unverhüllter als irgendwo bei der Masse der Techniker selbst, bei Ärzten, Ingenieuren usw. auftritt, die ihren Beruf vielfach in der gleichen Einstellung ausüben, in der man sich eines Automobils bedient oder eine Packung Aspirin kauft — ohne die geringste Verbundenheit mit dem Schicksal der Wissenschaft, mit der Kultur. Andere Zeichen der auftauchenden Barbarei mögen auf manche noch erschreckender wirken; für mich ist das Unverhältnis zwischen dem Vorteil, den der Durchschnittsmensch aus der Wissenschaft zieht, und der Erkenntlichkeit, die er ihr entgegenbringt, das Besorgnis-erregendste.«*

Soweit Ortega y Gasset. Seine beißende Kritik an der geistigen Haltung des modernen Massenmenschen, die in ihrem Pessimismus an Spenglers ›*Untergang des Abendlandes*‹ anklingt, mag ein wenig übertrieben sein — wenn wir aber die Erfahrungen dazunehmen, die wir inzwischen durch die ungehemmte Ausbreitung wissenschaftsfeindlicher Ideen wie der Astrologie gesammelt haben, so verstärkt sich doch der Eindruck, dass er hier auf den eigentlichen Kern der Sache vorgestoßen ist. Undankbarkeit ist, wenn wir Sinn und Ursprung des Wortes richtig verstehen, fast dasselbe wie Gedankenlosigkeit. Der Mensch von heute wächst mit den Dingen der Zivilisation auf wie der Naturmensch mit Tier und Pflanze, er betrachtet Auto und Flugzeug, Radio und Riesenfernrohr, Röntgenapparat und Penicillin fast so, als wären sie Bestandteile der Natur, kurzum, er hat verlernt, sich über sie zu wundern. je weniger der Mensch aber noch fähig ist, über das erstaunt zu sein, was ihm an Früchten wissenschaftlichen Denkens in den Schoß fällt, desto geringer wird seine Achtung vor dem Riesenwerk menschlichen Geistes sein, das zähe und gewissenhafte Arbeit vieler Generationen *aus reiner Liebe zur Wahrheit* geschaffen hat. Ohne diese Gedankenlosigkeit wäre es kaum zu verstehen, dass ein großer Teil der Menschheit (der sich beileibe nicht nur aus der Masse der Unwissenden und Ungebildeten rekrutiert) sich in zunehmendem Maße mittelalterlich-abergläubischen Vorstellungen zuwendet, obwohl diese nichts, aber auch gar nichts dazu beigetragen haben, die Umwelt zu schaffen, in der er — mag sie auch noch so viele Fehler und Gefahrenquellen haben — allein leben und sich wohl fühlen kann, und obwohl die Wissenschaft, deren Zuverlässigkeit und Vertrauenswürdigkeit der heutige Mensch, wäre er nicht so gedankenlos, an ihren Früchten erkennen sollte, ihn ständig vor den falschen Propheten warnt, die ihm jenen Aberglauben aufschwatzen.

Gedankenlosigkeit aber ist in den meisten Fällen Mangel an Erziehung. Der sicherste Weg, vielleicht der einzige, um die Menschheit vor dem drohenden Zurücksinken in Aberglauben und Verdummung und damit in eine Welt, in der der Mensch des 20. Jahrhunderts weder körperlich noch seelisch existieren könnte, zu bewahren, ist daher eine konsequent durchgeführte und von oben wirksam unterstützte Unterrichtung und Aufklärung der breiten Öffentlichkeit. Man wird allerdings auf diesem Wege kaum diejenigen überzeugen, die bereits dem Aberglauben verfallen sind. Wichtig und erfolgversprechend ist es aber, die jungen Menschen kommender Generationen frühzeitig zu richtigem Denken und klarem Urteilen zu erziehen, damit sie es lernen, dem Weltbild, das ihnen die Wissenschaft entwirft, jenes Vertrauen zu schenken, das heute aus mancherlei Gründen ins Schwanken zu geraten scheint. Es müsste möglich sein, auch einem durchschnittlich begabten Schüler – und man sollte dabei nicht nur an den Gymnasiasten, sondern gerade auch an den Volksschüler denken – eine Allgemeinbildung zu verschaffen, in der die Kenntnis von der Beschaffenheit des Weltalls ihren gleichberechtigten Platz findet neben Biologie und Staatsbürgerkunde. Denn es ist für den Menschen unserer Tage genau so wichtig zu wissen, welche Stellung im Weltganzen er einnimmt, als seine Rechte und Pflichten innerhalb des Volkes zu kennen oder über die Vorgänge des Lebens Bescheid zu wissen, die sich ihm in den Phänomenen Mensch, Tier und Pflanze offenbaren. Dabei ist es aber keineswegs entscheidend, eine Menge Wissensstoff in die jungen Gehirne hineinzustopfen, der doch vergessen oder, was viel schlimmer ist, missverstanden wird. Vielmehr sollte das größte Gewicht darauf gelegt werden zu zeigen, unter welchen Umständen und Schwierigkeiten und mit welchen Mitteln und Methoden dieses Wissen erworben wurde, mit welcher Sicherheit und innerhalb welcher Grenzen die Erkenntnisse der Wissenschaft Gültigkeit besitzen und wie fest sie auf den Fundamenten ruhen, die frühere Generationen von Forschern Stein um Stein zusammengetragen haben.

Diesem lebendigen Unterricht in der Geschichte unserer Kultur sollte parallel laufen eine strenge und zielbewusste Schulung im richtigen Gebrauch der Sinne und des Verstandes, im genauen Beobachten und im logischen Denken. Im heutigen Schulunterricht wird beides so sehr vernachlässigt, dass man sich nicht wundern darf, wenn eine ganze Generation zur Beute primitiver Anschauungs- und Denkweisen wird. Der Kunstunterricht, der früher einmal das sehr wichtige Ziel verfolgte (und, wenn er gut war – ach, er war nicht immer gut! – auch erreichte), den Schüler zum richtigen Gebrauch seiner Augen zu erziehen, ihn sehen zu lehren, das Spiel der Lichter und Farben seiner Umwelt, die Gesetze der Perspektive zu erkennen, beschreitet heute den umgekehrten Weg: Er lehrt die Gestaltung der Wirklichkeit aus der Phantasie heraus, anstatt aus der lebendigen Natur, und leistet damit unbewusst jener Praktik Vorschub, die wir den Pseudowissenschaftlern, insbesondere den Astrologen, vorwerfen müssen, und die darin besteht, die subjektiven Erzeugnisse unseres Innenlebens in die Dinge der Außenwelt hineinzuprojizieren und das so Entstandene für Wirklichkeit zu halten. Damit soll nichts gesagt werden gegen die Notwendigkeit, auch der Phantasie des Kindes Spielraum zu geben, sofern das in jenen Bereichen erfolgt, die der Phantasie vorbehalten bleiben müssen. Ähnlich bedenkliche Wege geht auch die moderne Erziehung zum Denken. Man mag gegen den Mathematikunterricht im neunzehnten Jahrhundert (viele haben sich noch im hohen Alter an ihn erinnert wie an einen Alptraum) sagen, was man will: Die euklidische Geometrie mit ihrem strengen logischen Aufbau stellte einen Lehrgang zum richtigen und genauen Denken dar, der durch nichts zu ersetzen war, es sei denn durch die Schule der reinen Mathematik, die auf unseren Universitäten gelehrt wird und niemals Allgemeingut aller gebildeten Menschen werden kann. Die heutigen Schulen haben das leider vergessen. In dem Bestreben, dem Schüler Schwierigkeiten aus dem Wege zu räumen, sucht man die Schärfe der mathematischen Beweisführung in ein spielerisches Nebeneinander von mehr oder weniger anschaulichen Einsichten aufzulösen und beraubt damit den Lernenden der einzigartigen Möglichkeit, die strenge Gesetzlichkeit des vernünftigen Denkens mit dem ihm von der Natur verliehenen gesunden Menschenverstand in Einklang zu bringen. Erst ein Geschlecht, das diese Dinge wieder gelernt hat, das zum vernünftigen Gebrauch seiner beobachtenden Sinne und seines folgernden Verstandes erzogen wird, und das die reinen Grundlagen seiner Kultur kennt und achtet, wird sich wieder entschieden von den unfruchtbaren Spekulationen vergangener Zeiten abwenden. Es wird wissen, wie unvernünftig es ist, von dem Baum der Erkenntnis die goldenen Früchte pflücken zu wollen, ohne darauf zu achten, ob seine Wurzeln auch aus dem Mutterboden der Kultur genügend Nahrung ziehen. Und es wird wissen, dass es Selbstmord begeht, wenn es gar die Axt an diese Wurzeln legt und den Baum verdorren lässt, der ihm und den nachfolgenden Geschlechtern Nahrung und Leben spenden soll.

Kurz-Biografie
Karl Stumpff

»Ein Leben für Himmel und Sterne« titelte eine Tageszeitung, als sie anlässlich des 75. Geburtstages von Karl Stumpff – inzwischen Emeritus der math.-naturw. Fakultät der Georgia-Augusta-Universität Göttingen – vor allem dessen Wirken auf dem Gebiet der *klassischen* Fächer der Himmelskunde würdigte.

Karl Johann Nikolaus Stumpff – so sein vollständiger Name – stammt aus einer Schleswiger Handwerkerfamilie. Geboren wurde er am 17. Mai 1895 als erstes von vier Kindern eines Tischlermeisters, der die erste Schleswiger Maschinentischlerei betrieb. Die Mutter, die früh Witwe wurde, sorgte für eine gymnasiale Schulbildung des Sohnes. Ein Mitschüler berichtete später anerkennend über Karls *reiche Kenntnisse und seine Begabung auf dem Gebiete der Mathematik*. Das Abitur absolvierte Karl Stumpff Ostern 1914 in Flensburg, um gleich im Sommersemester das Studium der Naturwissenschaften und speziell der Astronomie an der Universität Göttingen zu beginnen.

Unterbrochen wurde sein Studium durch den Beginn des Ersten Weltkriegs. Stumpff meldete sich als freiwilliger Krankenpfleger zum Sanitätsdienst und wurde zusätzlich zum Kanonier ausgebildet. Für seinen Einsatz wurde er mit der Rotkreuz-Medaille 3. Klasse und dem Eisernen Kreuz 2. Klasse ausgezeichnet. 1919 setzte er sein Studium zunächst in Kiel fort, kehrte im folgenden Jahr aber an die Göttinger Universität zurück. Bereits 1922 legte er dort seine Doktorarbeit vor:

›Theorie der Periodogramme und ihre Anwendbarkeit auf die Analyse von Mondbeobachtungen‹. Die Prüfung bestand er mit den Prädikaten *summa cum laude* (praktische Astronomie und Astrophysik), *sehr gut* (mathematische Analysis) und *gut bis sehr gut* (Geophysik).

Beruflich wandte er sich der Privatwirtschaft zu. Für ein Göttinger Unternehmen, das sich auf die Suche nach Erdölvorkommen mit Hilfe geomagnetischer Messungen spezialisiert hatte, war er einige Zeit in Rumänien tätig.

1925 wurde Stumpff als Assistent an die Sternwarte der Universität in Breslau berufen, wo er sich 1927 für das Fach Astronomie habilitierte. Der Rundfunksender Breslau übertrug hin und wieder seine populärwissenschaftlichen Vorträge.

1934 wechselte Stumpff als Observator an das Meteorologische Institut der Universität Berlin, die ihn 1935 zum außerordentlichen Professor ernannte. Bis 1942 leitete er das der Universität angegliederte *Institut für Periodenforschung*, dessen Aufgabe es war, periodische Wettervorgänge zu untersuchen. Dann folgte er einem Ruf nach Graz als Professor der Astronomie und Direktor der Universitäts-Sternwarte. Er setzte nun die in Breslau begonnenen Untersuchungen himmelsmechanischer Problemstellungen fort.

Nach dem Zweiten Weltkrieg mussten Stumpff und seine Familie Österreich verlassen. Auf der Suche nach einem neuen Zuhause fanden sie Unterkunft auf einem Gut bei Seesen am Harz. Die dortigen Lebens- und Arbeitsbedingungen waren außerordentlich schwierig. Noch ohne feste Anstellung, konzentrierte sich Stumpff auf die Vorbereitung von Publikationen. Es entstand eine Reihe von Veröffentlichungen zur Himmelsmechanik, Ephemeridenrechnung und Ortsbestimmung

sowie eine umfangreiche Darstellung unter dem Titel
›Neue Theorie und Methode der Ephemeridenrechnung‹ in den
Abhandlungen der Deutschen Akademie der Wissen-
schaften zu Berlin.

1952 kehrte er an seine geliebte Alma Mater zurück.
Von der Universität Göttingen erhielt er einen
Lehrauftrag für Sphärische Astronomie, Bahnbestim-
mung und Himmelsmechanik. Nach siebenjähriger
Lehrtätigkeit wurde Karl Stumpff emeritiert, doch er
setzte seine Vorlesungen fort. In dieser Zeit erschien
der erste Band seines dreiteiligen Hauptwerkes
»Himmelsmechanik«, das 1965 und 1974 komplettiert
wurde.

Als ehrenvoll betrachtete er Einladungen, die die
amerikanische Weltraumbehörde NASA (National Aero-
nautics and Space Administration) an ihn ausgesprochen
hatte. 1961 und 1966/67 hielt er am *›Coddard Space Flight
Center‹* bei Washington Vorlesungen und beteiligte sich
an Forschungsprojekten.

Karl Stumpff starb am 10. November 1970 in
Göttingen. Bestattet wurde er auf dem Alten
Stadtfriedhof, unweit vom Grab des Physik-Nobel-
preisträgers Max Planck.

Ein Asteroid im Hauptgürtel des Sonnensystems
trägt in Anerkennung seiner Verdienste den Namen
Karl Stumpff, ergänzt um die Ziffer 3105.

Weitere Werke von Karl Stumpff:

›Grundlagen und Methoden der Periodenforschung‹.
Berlin 1937

›Ermittlung und Realität von Periodizitäten.
Korrelationsrechnung‹.
In: Handbuch der Geophysik. 1940

›Tafeln und Aufgaben zur Harmonischen Analyse
und Periodogrammrechnung‹.
Berlin 1939

›Neue Theorie und Methoden der
Ephemeridenrechnung‹.
In: Abhandlungen der Deutschen Akademie der Wissenschaften
1947

›Neue Wege zur Bahnberechnung der Himmelskörper‹.
In: Fortschritte der Physik. Bd.1, 1954, S. 557–596

›Geographische Ortsbestimmungen‹.
In: Hochschulbücher für Physik. Berlin 1955

›Himmelsmechanik‹, 3 Bände.
Deutscher Verlag der Wissenschaften,
Berlin 1959, 1965, 1974

›Die Erde als Planet‹.
1939, 1955

›Das Uhrwerk des Himmels‹.
1942, 1944

›Littrow – Wunder des Himmels‹.
Neuauflage und Bearbeitung. Bonn 1963

›Fischer Lexikon Astronomie‹.
1957, 1972